自律自覺

張清華、羅偉凡——著

做自己的健康顧問

給生命以時間，給時間以生命。

健康是人存活的支柱，健康也是資本。

要做到「**臨利害之際而不失常態**」，

就必須具備健康的思維，有自我調節的自覺性。

主編寄語

追求健康也許是人類唯一沒有時間與疆界藩籬的共同理想，對於爲所欲爲而又無往不勝的人類來說，唯一無法征服和打敗的，大概也就是健康了。無論是王侯將相，還是布衣白丁，人們對健康長壽的追求，從未有片刻的懈怠。這恐怕是古往今來芸芸眾生的渴望和夢想，即使到了物質豐富、科技高度發展的現代社會，人類的壽命已經不斷地延長，人們仍然在追求更長的壽命和更健康的身體。

現代都市生活的一個重要問題，就是讓人變得疲勞不堪，現代人不再有「鋤禾日當午」的辛勞，卻並不感到輕鬆，在沒完沒了的會議、處理不完的公案、應接不暇的應酬中，現代人拼命地從自己的身體礦藏中索取並透支資源，心理和生理的長期超負荷運行，導致了身體礦藏的可怕衰竭，以致於讓衰老提前到來。

許多人剛剛步入中年，便出現了疲勞倦怠、腰酸腿痛、精力不濟、反應遲鈍等症狀，有的甚至猝死。導致中年人體質下降、慢性病多發的主要原因，是長期工作勞累過度、營養失衡、缺乏鍛鍊，疲勞不能及時緩解，於是積勞成疾，甚至有人英年早逝。而老年人也由於進入了衰老期，各種疾病接踵而至。比如高血壓、冠心病、糖尿病、失眠、神經系統紊亂、腎功能衰竭等。

身體並不是一座取之不盡、用之不竭的富礦！關注健康刻不容緩，補充生命原動力、延緩衰老迫在眉睫。世界衛生組織提出了兩個口號：「給生命以時間，給時間以生命。」前者指的是長壽，延緩衰老，而後者則指的是在延緩衰老的同時，要追求生命的質量、要活得更有意義。

列寧有句格言：「身體是革命的本錢。」在新的歷史條件下，我們該重提這句格言了。目前，中風的發病已經趨於低齡化，「過勞死」病例也有增多的趨勢。爲什麼我們的物質生活水準獲得了很大的提升，可是疾病的威脅卻加劇了呢？這與我們快節奏的工作方式和生活方式有著必然的關係。健康不是一切，但失去了健康就沒有一切。一個再強大的人，疾病來臨時，也會突然發現生命的脆弱。

健康是人存活的支柱。有人說，只有死過一次的人才知道，健康比什麼都幸福。健康也是資本，縱觀歷史，許多豪傑不是被對手打敗，而是因喪失健康而自滅。越來越多的人想擁有越來越多的金錢，越來越多的金錢使越來越多的人過早地接近死亡。健康的身體不可能用物質去換取，也不能用金錢買到。要做到「臨利害之際而不失常態」，就必須具備健康的思維，有自我調節的自覺性。

追求健康將會是未來社會的一大趨勢，就像美國的趨勢觀察家所發現的，從前的美國夢是追求享樂富足，最新的美國夢則是一種追求健康的狂熱。今日的美國夢不再只滿足於更好的生活，而是更健康更長久的生活。

CONTENTS

做自己的健康顧問

目錄

主編寄語 007

第一章 健康是人生的基石

第一節 什麼是健康 022

Tips 1 世界衛生組織提出的健康標準 025

第二節 身體健康的具體表現 027

Tips 2 「富貴病」的自然療法 032

第三節 什麼是二十一世紀健康人 034

Tips 3 自我保健十法 038

第四節 健康是每個人最寶貴的財富 041

Tips 4 骨質疏鬆的飲食療法五則 045

第五節 健康是生活事業的支柱 048

Tips 5 病毒性肝炎的食療方五則 050

第六節　正確認識健康　053
Tips 6　春季吃野菜　時尚又抗癌　057

第二章　透過器官看健康

第一節　頭髮　060
Tips 7　護髮食療法　062
第二節　眉毛　063
Tips 8　眉毛的修飾　064
第三節　眼睛　068
Tips 9　青光眼防治常用五招　069
第四節　耳朵　070
Tips 10　七種常見藥易致耳聾　071
第五節　鼻子　073
Tips 11　神奇的鼻妝　074

CONTENTS

做自己的健康顧問

第六節　舌頭　076
Tips 12　防衰老的「舌頭操」　077
第七節　指甲　079
Tips 13　指甲受傷急救法　081
第八節　皮膚　083
Tips 14　春季怎樣保養皮膚　085

第三章　透過症狀看健康

第一節　搔癢也是疾病訊號　088
Tips 15　不要濫用膚輕鬆　089
第二節　肥胖影響健康　091
Tips 16　正確減肥四個忠告　092
第三節　糖尿病人的健康人生　094
Tips 17　吃什麼有助降血糖　095

第四節 健康血壓標準再度下降 096
Tips 18 高血脂症的合理膳食結構 097
第五節 便秘影響健康 100
Tips 19 老人便秘的原因 102
第六節 尿是健康衰老的反光鏡 105
Tips 20 泌尿保健四種湯 107
第七節 癌症患者的健康生活方式 109
Tips 21 菜籃子裡的防癌戰士 113

第四章 亞健康

第一節 亞健康狀態者的現狀 118
Tips 22 幫你走出「亞健康」 121
第二節 亞健康是如何形成的 125
Tips 23 正確對待疲勞 128

CONTENTS

做自己的健康顧問

第三節　如何預防亞健康　130

Tips 24　八個「不急於」利健康　133

第四節　爲什麼猝死成爲中青年人的健康殺手　135

Tips 25　脂肪肝自療十八法　140

第五章　心理健康

第一節　心理因素影響人的健康　144

Tips 26　泰戈爾的養生之道　149

第二節　心理健康的標誌　151

Tips 27　心理衰老的標誌　156

第三節　快樂是健康的良藥　158

Tips 28　心理健康的標誌　162

第四節　大德必得其健康　164

Tips 29　心理養生　167

第五節　豁達大度可健康長壽　168
Tips 30　健康性格的組成因素　170
第六節　自律有利於身體健康　172
Tips 31　老年人合理用藥八項注意　174
第七節　完美的愛情與婚姻有助於健康　176
Tips 32　睡前保健八法　179
第八節　良好的情緒是最有助於健康的力量　182
Tips 33　如何控制好情緒　186

第六章　環境與健康

第一節　地理環境　190
Tips 34　中國大陸是個缺硒國家　193
第二節　雜訊　195
Tips 35　噪音及危害　198

CONTENTS

做自己的健康顧問

第三節 空氣 200
Tips 36 空氣質量水準對人類健康的影響 203
第四節 工作環境 205
Tips 37 來自影印機的污染 206
第五節 氣候 208
Tips 38 疾病追著節氣走 212
第六節 自然環境 214
Tips 39 如何預防鉛中毒？ 216
第七節 水土 218
Tips 40 一天喝水計程表 220
第八節 溫度與濕度 222
Tips 41 警惕影響健康的疾病訊號 224
第九節 光和色光 226
Tips 42 古人飲食十經 228
第十節 放射性毒物 230
Tips 43 家用化學製劑有毒 231

目 錄

第七章 飲食起居與健康

第一節 生活方式與健康 234

Tips 44 低血壓的食療 240

第二節 有害健康的生活習慣 242

Tips 45 不可不知的細節 246

第三節 健康需要營養師 248

Tips 46 夏令去暑藥粥 253

第四節 一進一出看健康 255

Tips 47 健康的生活習慣 258

第五節 不吸菸，少喝酒 260

Tips 48 健康飲酒的小常識 264

第六節 家庭營養常見誤區 266

Tips 49 水果的七宗甜蜜謊言 273

第七節 良好睡眠助健康 277

Tips 50 失眠對人體的危害 282

CONTENTS

做自己的健康顧問

第八章 運動與健康

第一節 生命在於運動 284
Tips 51 水果除疾歌謠 288
第二節 科學健身是抵禦疾病的良方 290
Tips 52 老人春練五不宜 293
第三節 健康是走出來的 295
Tips 53 腳的保健 297
第四節 在鍛鍊中如何觀察自己是否健康 299
Tips 54 最佳抗病保健的運動 302
第五節 動靜結合有利於延緩衰老 303
Tips 55 簡便易行的增壽延年術 306

第九章　自我保健

第一節　健康靠自己　308
Tips 56　三餐美人計　314
第二節　簡簡單單做保健　317
Tips 57　長壽始於腳　321
第三節　外國人崇尚的健康習慣　324
Tips 58　簡單易行的心理「按摩」方法　328
第四節　體檢是爲健康投資　330
Tips 59　治心肌梗塞症之藥方　333
第五節　打造自己的健康智慧工程　335
Tips 60　增壽訣竅　338
第六節　身心健康過百歲　340
Tips 61　善飲者長壽　344

第一章

健康是人生的基石

第一節　什麼是健康

什麼是健康？有人說：「能吃能喝是健康。」有人說：「又紅又胖是健康。」有人說：「身體好、沒有病是健康。」還有人說：「身體瘦才是健康，不是說『有錢難買老來瘦』嗎？」其實這些觀點都不科學。隨著科學的發展，隨著醫學模式轉變的不斷深化，健康有了新觀念，傅連璋提出健康有四條：「身體健康、體質堅強、精力充沛、情緒樂觀。」

世界上每一個國家對健康都有自己的論述，最有意思的是日本。日本是快節奏、高效率的國家，日本要求什麼都快。健康的標準是十快：「吃得快、喝得快、便得快、說得快、走得快、尿得快、動得快、做得快、精得快（指性生活和諧）。」日本是世界上最緊張的國家，但又是世界上最健康、最長壽的國家。

英國著名的營養學專家帕里克．霍爾福德，在他的《營養聖經》一書中，對健康所下的定義為：「健康不僅意味著遠離疾病，它還意味著充滿活力。」積極的健康，有時也被稱作「機能健康」，可以從以下三個方面進行衡量：

(1)工作狀況：完成體力和腦力工作的情況。

(2)遠離疾病：沒有疾病的跡象和症狀。

(3)長壽：健康的一生。

聯合國衛生組織對健康下的定義是：健康不僅是沒有身體疾患，而且要有完整的生理、心理狀態和社會適應能力。

人的健康包括身體健康與心理健康兩個方面。一個人身體與心理都健康，才稱得上眞正的健康。健康的涵義應包括如下因素：

(1)身體各部位發育正常，功能健康，沒有疾病。

(2)體質堅強，對疾病有高度的抵抗力，並能刻苦耐勞，擔負各種艱巨繁重的任務，經受各種自然環境的考驗。

(3)精力充沛，能經常保持清醒的頭腦，全神貫注、思想集中，能優質地完成工作、學習，有較高的效率。

(4)意志堅定，情緒正常，精神愉快。

這樣的健康是我們每個人都追求的，又是種美好的人生體驗，它表現爲持續、清晰、充沛的能力，穩定的情緒，敏銳的頭腦，希望保持身體健康的意願。當我們處於健康狀態時，我們的內心充滿了一種生活的喜悅，一種因爲擁有健康軀體而能享受世界上無盡快樂的感激。今天，健康的定義有了更加豐富的內涵，健康遠遠不是沒有疾病和傷殘就行了，除了獲得生理上、精神上和社會上的健康以外，健康還意味著擁有稱心如意的生命。

健康不是一種靜止的狀態，而是一種從自身所經歷的疾病和失衡狀態中瞭解自己的永無止境的過程。

健康取決於很多因素：我們所繼承的個人特性和基因性狀、生活和工作環境，從保健人員和醫院那裡獲得的醫療保健，以及個人的生活習慣和生活方式。所有這些都會影響健康。因此，健康是可以把握在我們自己手裡的。我們可以積極行動、採取措施，來使我們看起來更健康或感覺到更多的健康，從而提高我們的生活質量。

很多人並不知道怎樣才算健康，也不知如何去獲得健康。健康不能靠運氣，也非命運所定，必須用行動去獲得。健康專家認爲在現代社會中，影響健康和生命質量的最重要的因素，是我們的生存方式。專家研究認爲，很多生活方式的選擇，可以對健康產生很大的影響，例如你是否選擇吸菸、喝酒、吸毒。據估計，十大死亡原因內的七大原因，可以透過生活方式的簡單改變而減少對人的危害。我們的習慣、情感和心理狀態、社會環境、個性和性格都會影響健康。改變自己的生活習慣，掌控自己的生活方式，我們的健康之旅已邁出了最重要的一步，如果進而能改善我們的生存環境，我們就會超越個人、惠及他人，超越時空，惠及未來。

健康Tips

世界衛生組織提出的健康標準

1. 有充沛的精力，能從容不迫地應付日常工作和生活的壓力，不感到過分的緊張和疲倦。
2. 處事樂觀，態度積極，樂於承擔責任，工作效率較高。
3. 善於休息，睡眠良好。
4. 應變能力強，能適應環境的各種變化。

5. 抗疾病能力強，能夠抵抗一般感冒和傳染病。
6. 體重適當，身體均勻，站立時，頭、肩、臀部位置協調。
7. 眼睛明亮，反應敏銳。
8. 牙齒清潔，無空洞，無痛感，無齲齒，齒顏色正常，無出血現象。
9. 頭髮有光澤，無頭皮屑。
10. 肌肉豐滿，皮膚富有彈性，走路、活動感到輕鬆。

第二節　身體健康的具體表現

世界衛生組織認為現代人身體健康的具體標準是「五快三良好」，這「五快」即「吃得快、便得快、睡得快、說得快、走得快」。別看這五條標準內容簡單，但眞正做到並不容易。

吃得快：是指胃口好。什麼都喜歡吃、吃得迅速、吃得香甜、吃得平衡、吃得適量。不挑食、不貪食、不零食、不快食。不是吃得越快越好，中老年人吃飯，要做到細嚼慢嚥，充分分泌唾液，可以減輕胃的負擔，提高營養吸收率，甚至可以減少癌症的發生。

便得快：是指大小便通暢，胃腸消化功能好。良好的排便習慣是定時、定量，最好每天一次，最多二次。起床後或睡眠前按時排便，每次不超過五分鐘，每次排便量二百五十至五百克，說明肛門、腸道沒有疾病。假如便祕，大便在結腸停留時間過長，形成「宿便」，有毒物質就會吸收得多，引起腸胃自身中毒，產生各種疾病，甚至得腸癌。

睡得快：是指上床後很快熟睡，並睡得深，不容易被驚醒，又能按時清醒，不靠鬧鐘或呼叫，醒來後頭腦清楚、精神飽滿、精力充沛、沒有疲勞感。睡得快的關鍵是提高睡眠質量，而不是延長睡眠時間。睡眠質量好，表明中樞神經系統興奮、抑制功能協調，內臟無任何病理資訊干擾。睡眠少或睡眠質量不高，疲勞得不到緩解或消除，會形成疲勞過度，甚至得「疲勞綜合症」，會降低免疫功能，產生各種疾病。

說得快：是指思維能力好。對任何複雜、重大問題，在有限時間內能講得清清楚楚、明明白白，語言表達全面、準確、深刻、清晰、流暢。對別人講的話能很快領會、理解，把握精神實質，表明你思維清楚而敏捷，反應良好，大腦功能正常。

走得快：反映心臟功能好。俗話說：「看人老不老，先看手和腳；將病腰先病，人老腿先老。」加強腿腳鍛鍊，做到活動自如、輕鬆有力，不要事事時時離不開車，不要忘記腿是精氣之根，是健康的基石，是人的第二心臟。

「三良好」的標準是針對人的心理健康而言，即：

良好的個人性格：包括性格溫和，意志堅強，感情豐富，胸懷坦蕩，豁達樂觀。

良好的處事能力：包括觀察問題客觀實在，具有較好的自控能力，能適應複雜的社會環境。

良好的人際關係：包括在人際交往和待人接物時，能助人爲樂，與人爲善，對人際關係充滿熱情。

身體健康還有十六種具體表現：

⑴眼睛有神：眼睛是臟腑精氣匯集之地，臟腑虛衰，必影響於眼。相反，眼睛有病也反映了內臟的病變。因此，「雙目明亮、炯炯有神」是一個健康者的明顯特徵。

⑵二便正常：二便排出要靠心神主宰，靠肝、脾、肺、腎的協同運作、排出廢物，直接關係著人體各器官的功能。

⑶脈象緩匀：指脈象要從容和緩，不快不慢，反映了氣血的運行狀態。

⑷形體壯實：指皮膚潤滑、緻密，肌肉豐滿，不胖也不瘦，軀體強壯。

⑸面色紅潤：面色是五臟氣血的外表，內臟有病，面色必顯示不同形色或枯槁。

⑹牙齒堅固：牙齒堅固，必然消化好，營養吸收好，反映腎功能良好。

(7)雙耳聰敏：人體各部分器官出現病變，都可以通過經絡反映於耳部。出現聽力下降、失聽是臟器功能衰退的表現。

(8)腰腿靈便：肝主筋，腎主骨，腰爲腎之腑，四肢關節之筋皆賴肝血以養，所以腰腿不痛，四肢靈便，步履穩健。俗話說：「人老腿先老、將病腰先痛。」

(9)聲音宏亮：聲音宏亮反映肺功能良好，精神煥發。

(10)鬚髮潤澤：鬚髮生長與本人的營養血運有密切關係。

(11)食欲正常：食欲好壞、食量大小直接反映胃腸功能。

(12)生長發育良好：健康的人，身體發育比較好，主要表現身高和體重正常，身材匀稱，肌肉豐滿，四肢有力，胸圍呼吸、肺活量、握力、彈跳力、反應速度等監測指標，達到國家規定的良好標準。

(13)身體素質好：健康的人，肌肉運動所表現出來的力量、速度、耐力、靈敏和柔韌等素質，其監測指標達到國家規定的良好標準，它既能反映出人的神經系統和內臟的功能，同時也是健康的重要指標。健康的人，肌肉的體積大、力量大，可占體重的40％～50％。

⒁心肺功能好：健康的心臟，心肌發達，心容量大，每跳動一次能排出血液八十～一百一十毫升，比一般人多二十～三十毫升。健康的肺臟其肺活量比一般人大，胸廓發達，呼吸肌強壯，呼吸緩慢而深沉，每分呼吸十次左右，就能滿足身體對氧氣的需要（一般人爲十三～十八次）。由於心肺功能增強，其肝臟、胃腸等內臟器官的血液循環旺盛，營養供應充足，也處於健康狀態。

⒂神經系統的功能好：無論是學習、工作、思考、判斷，還是日常生活中各個方面的行動，或是進行體育運動，各種活動都受大腦的支配，並且效率高，不頭痛不失眠，吃得香睡得甜，無疑是一種健康的表現。

⒃對外界環境的適應和抗病能力強：人體必須適應外界環境的各種變化。當外界氣溫降低時，軀體又透過肌肉產熱，皮膚血管收縮，減少向外散熱，以保持體溫平衡。健康的人，天熱了不易中暑，天冷了也不易感冒，就是這個道理。人體對傳染病的抵抗力也是一樣，身體健康的人，血液中的抗體多，在同樣的情況和環境中，不容易得傳染病。

健康Tips

「富貴病」的自然療法

「富貴病」是指乙型糖尿病、高血壓、冠心病、關節炎、肥胖症等病症。自然療法是指不用藥物，只從生活習慣方面入手。

營養　爲了預防和治療上述「富貴病」，必須把飲食的能量調整到正常比例，其中特別要注意食用天然的、未精煉過的食品。

運動　適當的運動能增強心肌的力量，改善血液循環，增加血紅蛋白的攜氧能力；促進腸蠕動，改善消化功能；使骨骼中的鈣不流失；改善新陳代謝，消耗體內多餘能量；降低血壓，改善腦功能和呼吸功能。

水　成年人每天應喝水七杯~八杯（一杯水約二百五十克）。水能促進新陳代謝，清洗人體內臟，預防結石和泌尿疾病的發生。

陽光　陽光既可殺菌、消毒、刺激皮脂腺分泌，又能使皮下膽固醇轉化成維生素D，促進鈣的吸收，改善心肌功能。曬太陽的時間一開始以十五分鐘爲宜，三天後可增加到三十分鐘，但要避免暴曬。

節制　拒絕一切對身體有害的事物，做到戒菸、戒酒、低鹽、低脂肪。

空氣　現代城市中，工業污染、汽車排放廢氣污染等嚴重危害人的健康。吸菸及吸「二手菸」對人的危害更大。所以，應經常到水邊或樹林等地帶去呼吸一下新鮮空氣。

休息　應特別重視勞逸結合，定期休息。早睡早起最好。

歡樂的心情　歡樂能增加人體內啡肽分泌，有助於消除緊張情緒，使血壓平穩。不論有多大壓力，都不要過分憂愁，待人要豁達、寬容。

第三節　什麼是二十一世紀健康人

一九八九年，世界衛生組織又提出，除身體健康、心理健康、社會健康以外，加上道德健康，才是全面的健康。概括地講就是「身心健康」。前面講了種種關於身體健康的定義和標準，身體健康是指各個器官的功能、各項生理活動指標正常，能適應自然環境的變化，能有效地抑制各種疾病的侵襲。

作爲二十一世紀的健康人，不光要有健康的身體，還要注重心理上的健康。心理健康是指個體和人群以及生活環境之間，保持良好的協調和均衡，能正確對待自己、正確對待別人、正確對待社會。

一般人都知道，身體的生長發育需要充足的營養，事實上，心理營養也非常重要，若嚴重缺乏，則會影響心理健康。那麼，人重要的心理健康營養素有哪些呢？

首先，最爲重要的精神營養素是「愛」。愛能伴隨人的一生。童年時代主要是父母之愛，童年是培養人心理健康的關鍵時期，在這個階段若得不到充足和正確的父母之愛，就將影響其一生的心理健康發育。少年時代增加了夥伴和師長之愛，青年時代情侶和夫妻之愛尤爲重要。中年人社會責任重大，同事、朋友和子女之愛十分重要，它們會使中年人在事業家庭上倍添信心和動力，讓生活充滿歡樂和溫暖。至於老年人，晚年幸福是關鍵。

第二，重要的精神營養素是宣洩和疏導。無論是轉移迴避還是設法自慰，都只能暫時緩解心理矛盾，而適度的宣洩具有治本的作用，當然，這種宣洩應當是良性的，以不損害他人、不危害社會爲原則，否則會惡性循環，帶來更多的不快。心理負擔若長期得不到宣洩或疏導，則會加重心理矛盾，進而成爲心理障礙。

第三，善意和講究策略的批評，也是重要的精神營養素。一個人如果長期得不到正確的批評，勢必會滋長驕傲、自滿的毛病，固執、傲慢，這些都是心理不健康發展的表現，過於苛刻的批評和傷害自尊的指責，會使人產生逆反心理，就應提高警惕，增強心理免疫能力。

第四，堅強的信念與理想也是重要的精神營養素，信念與理想對於心理的作用猶爲重要。信念和理想猶如心理的平衡器，它能幫助人們保持平衡的心態，度過坎坷與挫折，防止偏離人生軌道，進入心理暗區。

第五，寬容也是心理健康不可缺少的營養素。人生百態，萬事萬物難免都能夠順心如意，無明火與萎靡頹廢常相伴而生，寬容是脫離種種煩擾、減輕心理壓力的法寶。

老年人健康也有其標準，中國健康老人就有十大標準：

(1)軀幹無明顯畸形，無明顯駝背等不良體形，骨關節活動基本正常。
(2)無偏癱、老年性癡呆及其他神經系統疾病，神經系統檢查基本正常。
(3)心臟基本正常，無高血壓、冠心病及其他器質性心臟病。
(4)無慢性肺部疾病，無明顯肺功能不全。
(5)無肝腎疾病、內分泌代謝疾病、惡性腫瘤及影響生活功能的嚴重器質性疾病。
(6)有一定的視聽能力。
(7)無精神障礙，性格健全，情緒穩定。
(8)能適當地對待家庭與社會的人際關係。
(9)能適應環境，具有一定的交往能力。
(10)具有一定的學習、記憶能力。

那麼，老年人要想健康長壽，應該做好哪些方面呢？

(1)性格開朗。老年人要性格開朗、性情文靜、心胸開闊，遇事要想得開，和周圍的人和睦相處，防止精神緊張和情緒激動。否則會使人體腦下垂體、腎上腺等分泌過多，使血管收縮、血壓升高，引起腦出血和動脈硬化。

(2)起居有常。要保持生活規律，把一天的生活安排得豐富一些，使自己有充實的精神生活。

(3)飲食有節。老年人要有良好的飲食習慣，不偏食、不過飽，並以素食爲主。

(4)注意冷暖。要隨氣候的變化增減衣物，防止感冒，防止季節病。

(5)堅持運動。運動可以使肌體得到活動，保持器官的靈活性，減緩肌肉的衰退萎縮，增強心腦血管、呼吸、消化、神經及內分泌等系統的新陳代謝，促進細胞的活動能力，增強機體的免疫能力，減少各種疾病的發生。

(6)不靠補藥。藥補不如食補。

(7)不嗜菸、酒。菸和過量的酒會引發多種疾病。

(8)節制性欲。夫妻間性生活每次消耗能量較多，心搏每分鐘可達一百三十次，因此老年人要節制性生活，特別是患有高血壓和冠心病的老人。

⑼防止骨折。老年人有不同程度的骨質疏鬆，容易發生骨折，因此要加強戶外活動，曬太陽，這有利於鈣的吸收，不要猛然站立，防止血壓突然降低、引起暈倒而招致骨折，行走時要小心，防止跌倒，行走不穩要帶手杖或有人攙扶。

⑽定期體檢。老年人因器官逐漸衰退，抗病能力差，定期體檢可及時發現病變，早期治療。

健康Tips

自我保健十法

1.搓腳心法：每晚用熱水洗腳後，取坐姿搓兩腳心，每次五至十分鐘。按摩腳心，有益精補腎作用，能活躍腎經內氣，防止高血壓及動脈硬化。

2.意守丹田法：當工作、學習引起疲倦時，閉上眼睛，舌抵上齶，排除雜念，使整個意念集中在臍下的丹田部位，時間可靈活掌握。做完之後會感到精力充沛。

3.強壯心臟法：經常按壓手心的勞宮穴，有強壯心臟的作用。可用兩手拇指互相按壓，也可將兩手頂在桌腳上按勞宮穴，時間自由掌握。

4.壯腰健腎法：扭擺腰部，以起保健腎臟功能作用。站立，兩手插握在腰部，上身向前稍傾，慢慢將腰部左右扭擺，動作逐漸加快，使腰部感到發熱時爲宜。

5.暖腎法：每晚臨睡前，用兩手交替輕輕按摩睪丸各八十一次，動作如手中握著兩個球來回滾動。

6.按摩小腹部：每晚臨睡前，將手放在丹田部位，先順時針按揉三十六次，再逆時針按揉三十六次。有理氣、助消化、健胃之功效。

7.按壓足三里穴：足三里穴是全身強壯要穴之一，用手指甲按壓足三里穴，以感到痲脹爲度，經常按壓有益健康。

8.牙齒保健法：⑴大、小便時，將嘴閉住，咬緊牙關；⑵經常叩齒，長年堅持可保護牙齒堅固，不易脫落。

9.促進睡眠法：每晚睡前半小時，先擦熱雙掌，而後將雙掌貼於面頰，兩手中指起於「迎香穴」向上推至髮際；經「睛明」、「攢竹」、「瞳子膠」等穴位；然後兩手分別向兩側額角後而下，食指經「耳門」穴返回起點，如此反覆按摩三十至四十次，可治療神經衰弱症，促進睡眠。

10.散步法：堅持每天散步是極有效的健身之道，飯後散步有助於消化。散步時間可靈活掌握。

第四節　健康是每個人最寶貴的財富

由於健康問題對社會經濟的制約作用，健康越來越成爲全球關注的焦點，越來越成爲全人類追求的目標，健康的內涵和外延也由此發生了巨大的變化。

沒有健康，人生的追求，無論是事業、財富還是愛情，終將化爲泡影。著名的石油大王洛克菲勒曾經稱霸美國的石油行業，聚斂了無盡的財富，成爲當時的首富。然而由於超常的工作量以及巨大財富帶來的緊張與壓力，使他在五十多歲時便衰弱成一個老翁，頭髮脫落，免疫系統失調，骨瘦如柴，身體全面崩潰，巨大的財富於他又何用？只有當他退出了與財富的戰爭，全身心地專注於自己的健康，清心養性，並投身於宗教信仰與人類的福利事業時，他才又一次贏得了生命，並得到九十多歲的高齡。石油大王的經歷，再一次向世人闡釋了健康高於財富的眞理。

很多人當風華正茂、體態勻稱時，對吃什麼、怎麼吃不大講究，全然不把營養均衡、粗細搭配、熱量多少放在心上，似乎無論怎麼吃，身體都能承受；性欲正常時，「性」致所至，縱欲無度，裙紅酒綠，盡情歡樂，似乎那標誌陽剛之氣的雄風，與生俱來，不會枯竭；精力充沛時，不惜吃老本，拼體力，可以擠掉吃飯時間，可以剋扣睡眠，夜以繼日地透支健康，對健康的潛力開發甚至是掠奪性的，如此等等。健康像水土一樣，就這樣被流失了，直到千瘡百孔、滿目瘡痍，健康在他們看來，像廉價的消費品，被任意揮霍，直到捉襟見肘。

健全的體魄、樂觀積極的心態、敏銳的反應是成就一切宏圖偉業的基石，只有不斷地投身於健康之旅，你的財富才會倍增，否則，一切將化為空中樓閣。

早在一九五三年，有遠見的世界衛生組織為了喚起人們對自身健康的關注和珍愛，就提出了「健康就是金子」的響亮口號，旨在希望人們要像對待金子一樣珍愛生命，並作為當年世界衛生組織的主題口號，可見用心之誠。

細想起來，健康比金子還要珍貴，因為健康很難再生或不可再生，一旦失去，再先進的高科技都無法使受損的機體恢復原來的狀態，只能是「無可奈何花落去」，而金子卻可以「千金散盡還復來」。

但是不少人，包括高知階層和白領，有一種十分有害的認識誤區。認為青壯年正是精力充沛、大展宏圖的好時期，應當把寶貴光陰都用在事業上，全然沒有珍惜健康的觀念。能吃能睡就是沒病，有了症狀，堅持一下就頂過去了，結果病入膏肓時才如夢初醒，但是一切都已經晚了。譽滿中外的科學家、事業鼎盛的企業家英年早逝，已不是什麼新聞了。國家痛失英才，家庭支離破碎，不幸應了中島宏博士的一句預警：「許多人不是死於疾病，而是死於無知。」

連大學裡的教授學者，商海中的經理、白領，竟然都死於對健康的無知，對自己生命的無知，足見我國健康教育的嚴重滯後和緊迫性。

健康是生命的泉源。失去了健康，會生趣索然、效率銳減。能夠有健全的體魄與飽滿的精神，在這兩者之間，又保持完善平衡，這是一種天大的福分。

健康的生命會大放異彩，疾病與死亡卻會使人生陷入可怕的陰霾。生活中我們常見有作爲、有知識、有天才的年輕男女，爲不良的健康情況所牽絆，以至終身不能酬其壯志，不禁讓人扼腕嘆惜。而天下最大的失望也莫過於此：自己雖有凌雲壯志，卻沒有充分的力量去實現；自己雖有不息的鬥志，卻沒有強健的體魄作爲後盾，只能在病痛與死亡中忍受煎熬。

一些人之所以飽嘗壯志未酬的痛苦，就是因爲他們不良的健康狀況使生命之泉乾枯。一個專注於工作、應酬，不懂休息、娛樂的人，往往會在耗盡精力之後，使事業早趨衰落，因爲他缺乏各種不同的精神刺激和生命的養料。調整勞逸關係，無論對於勞心者還是勞力者，都是十分有益的。「單調」是生命的摧殘者，凡是成就大事業的人，往往不會整日整夜地埋頭蠻幹，而是懂得勞逸結合。

一個生活豐富的人往往懂得健康之道，把維護健康看作是生命的崇高責任。試想，一個不愛惜自己生命的人，又怎麼會得到生命的報酬呢？只有充沛的生命力，才可以抵抗各種疾病，度過各種難關，迎接一個又一個的挑戰。

「All Work and no play, makes Jack a dull boy.」這句話是很有道理的。人類有著強烈的遊戲本能，遊戲也是生命的重要組成，它可以使人的身心趨於健全，提高工作效率。

生命屬於每個人只有一次，每個人都渴望在自己短暫的生命歷程中，將生命演繹得更輝煌。健康的身心是生命質量的一個保障，一個有一分天才的強壯者的成就，遠遠超過一個有十分天才的弱者。

健康Tips

骨質疏鬆的飲食療法五則

1. 釀田螺：田螺肉五百克，豬瘦肉五十克。先將豬肉洗淨，切碎，剁成茸糊狀。將大田螺用刀砍掉尾部兩圈硬殼，用錐子將田螺均勻挑出（去內臟），田螺殼洗淨另用。田螺肉洗淨，切碎，剁成田螺糜糊，與肉茸同放入碗內，加精鹽、紅糖、澱粉、味精、五香粉等佐料攪拌起勁，並按量逐一塞進田螺殼內。炒鍋置火上，加植物油燒至六成熱，加蔥花、薑末煸炒出香，放入田螺翻炒，烹入黃酒，加雞湯適量，改用小火煨煮至熟，加精鹽、味精，淋入麻油即成。佐餐當菜，隨意服食。本食療方通治各類骨質疏鬆症。

2. 羊骨羊腰湯：新鮮羊骨五百克，羊腰（羊腎）二只。先將新鮮羊骨洗淨，用刀背砸斷或砸碎，備用。將羊腰洗淨，去除臊腺及筋膜，斜切成羊腰片，與羊骨同放入砂鍋，加水足量，大火煮沸，撇去浮沫，烹入料酒，加蔥花、薑末，改用小火煨煮一個半小時，待羊骨湯汁濃稠時加味精、五香粉、精鹽，拌和均勻，淋入麻油即成。佐餐當湯，隨意服食。本食療方對腎陽虛型骨質疏鬆症尤為適宜。

3.砂鍋牛尾：帶皮牛尾一百克，母雞湯二百五十克，熟火腿三十克。先將熟火腿切成片。將帶皮牛尾洗淨，剁切成三公分長的段，與熟火腿片、母雞湯同入砂鍋，再加水適量，大火煮沸，烹入料酒，加蔥花、薑末、花椒末，改用小火煨煮三小時，待牛尾熟爛，加精鹽、味精，煨煮至沸，淋入麻油即成。佐餐當菜，隨意服食。本食療方對腎陽虛型骨質疏鬆症尤為適宜。

4.核桃粉牛奶：核桃仁二十克，牛奶二百五十毫升，蜂蜜二十克，先將核桃仁洗淨，曬乾或烘乾，研成粗末，備用，牛奶放入砂鍋，用小火煮沸，即調入核桃仁粉，拌勻，再煮至沸，停火，加入蜂蜜，攪拌均勻即成。每日清晨與早點或隨早餐同時服食。本食療方對腎陽虛型骨質疏鬆症尤為適宜。

5.杜仲牛骨湯：杜仲三十克，骨碎補十五克，牛骨五百克。先將杜仲、骨碎補分別揀雜、洗淨，曬乾或烘乾，切碎或切成片，裝入紗布袋中，紮緊袋口，備用。將新鮮牛骨洗淨，砸成小段或砸碎，與藥袋同放入砂鍋，加水適量，大火煮沸，烹入料酒，改用小火煨煮一個半小時，取出藥袋，加蔥花、薑末、精鹽、五香粉，再煨至沸，淋入麻油即成。佐餐當湯，隨意服食，當日吃完。本食療對腎陽虛型骨質疏鬆症尤為適宜。

第五節　健康是生活事業的支柱

我們長期在醫務單位工作，接觸過許多難以避免的疾病和死亡，但也有不少人的疾病和死亡是完全可以避免的，他們是可以再多活幾年甚至是幾十年的。

我們透過大量的調查研究和個案分析，發現人群中對待健康有三種態度：老年人重視和關心自己的健康；年輕人很不重視自己的健康；中年人顧不上自身的健康；尤其是事業心特強的人，對自己的健康到了漠不關心的程度，往往依賴於醫生、藥物和保健品，根本顧不上自我保健。

爲什麼一個個、一批批的人匆匆而去?從醫學和健康學的觀點看，主要是不少人不會健康地生活，缺乏自我保健能力，沒有把健康和生活掌握在自己手中。健康是個系統工程，受多種因素制約，如社會因素、環境因素、生物因素、心理因素、生活方式因素、醫療保健因素等。因此，我們必須運用多學科手段，採用全方位、綜合治理的方法，來關心自身和群眾的健康，度過健康、長壽、幸福、愉快、富裕、有價值的人生。

健康是每個人最迫切的心理需要，是最珍貴的社會財富，是提高社會生產力的基本要素，是當代社會一個重大課題。但是，做到健康，尤其做到心理健康，善待只有一次的生命，把健康的主動權掌握在自己手中，這些不是每個人都能夠完全做到的。對上述問題的認識不一、態度不一、途徑不一，造成結果也完全不一樣。

完美的人生來自三大支柱——健康的身心、幸福的家庭、成功的事業，三者缺一不可，但健康是基礎。古今中外許多名人之所以能做出一番事業而且長壽，健康是重要的保證。古代醫學家、藥王，又是養生學專家的孫思邈，七十歲時寫成《千金要方》，一百歲時又寫出了《千金翼方》，這些都是中國醫學寶庫的珍寶，他活到了一百零一歲。

世界著名科學家居里夫人說過，健康的身體是科學的基礎，沒有健康，將一事無成。健康是金子，健康是無價之寶，健康是人的第一財富。著名醫學家吳介平教授說：「健康不是一切，但沒有健康就沒有一切。」

健康也是每個人事業有成的基礎。人們爲了對社會做出更多貢獻，爲了生活得更有質量而維護自身健康，是其終生的任務。在經濟、文化落後的年代，人們對健康的追求，僅僅是一種願望，不可能也沒有條件變爲有效的行動。社會發展到高度文明的今天，人們對健康的追求越來越迫切，對維護健康的要求越來越強烈，在時間、精力、經費等方面都有了空前的大投入。

當我們發現從農村到城市那保健品市場大賣的時候，當我們發現成群成群的男人、女人、各種年齡的人們，在採取各種方式鍛鍊身體的時候，當我們看到廣大農村的病人，大批大批到大城市看病的時候，這明確地告訴人們，維護健康已經從願望變成了實際行動。這種行動所揭示出來的，是一種自我維護健康的意識和觀念，它包括：健康靠自己的觀念、自我保護觀念、自我維護觀念、自我調節觀念、有病早治觀念等。

健康Tips

病毒性肝炎的食療方五則

1. 板藍根煨紅棗：板藍根三十克，紅棗二十枚。先將板藍根洗淨，切片後放入紗布袋，紮口，與洗淨的紅棗同入砂鍋，加水浸泡片刻，中火煨煮三十分鐘，取出藥袋，即成。早晚二次分服。本食療方適用於各型病毒性肝炎。

2.雲芝粉：雲芝一千克。將乾雲芝微烘後，研成細末，裝入密封防潮的瓶中，備用。每日二次，每次十五克，用蜂蜜水送服。本食療方對肝脾不調型病毒性肝炎尤爲適宜。

3.香附陳皮茯苓茶：炒香附十克，陳皮十克，茯苓三十克，山楂二十克，紅糖二十克。將陳皮、茯苓洗淨後，曬乾或烘乾，切碎，研成細末，備用。炒香附、山楂洗淨，切成片，放入紗布袋中，紮口，放入砂鍋，加水浸泡片刻，先用大火煮沸。調入陳皮、茯苓粉末，攪和均勻，改用小火煨煮三十分鐘，取出藥袋，調入紅糖，小火煨煮至沸即成。早晚二次分服，代茶，頻頻飲用。本食療方對肝脾不調型病毒性肝炎尤爲適宜。

4.枸杞當歸煲鵪鶉蛋：枸杞子三十克，當歸三十克，鵪鶉蛋十個。將當歸洗淨，切片，與揀淨的枸杞子、鵪鶉蛋同入砂鍋，加水適量，煨煮三十分鐘，取出鵪鶉蛋，去殼後再回入鍋中，小火與煨煲十分鐘，即成。早晚二次分服，當日吃完。本食療方對肝陰不足型病毒性肝炎尤爲適宜。

5.首烏枸杞肝片：何首烏二十克，枸杞子二十克，豬肝一百克。先將何首烏、枸杞子洗淨，放入砂鍋，加水浸泡片刻，濃煎二次，每次四十分鐘，合併二次煎液，回入砂鍋，小火濃縮成五十毫升，配以水發木耳、嫩青菜、蔥花、蒜片，加適量料酒、醬油、薑末、精鹽、味精、香醋、水澱粉，將豬肝(切片)溜炒成首烏枸杞肝片。佐餐當菜，隨意服食，當日吃完。本食療方對肝陰不足型病毒性肝炎尤為適宜。

第六節　正確認識健康

前文中，我們就「什麼是健康」作了一系列的闡述，對健康有了初步的瞭解，現實生活中，還存在著對健康的一些錯誤認識：

(1)如果你不吃肉，你的飲食便健康：肉是鐵質和其他礦物質、蛋白質和維生素B的來源。肉仍然是健康飲食的一部分，要注意的是，多吃雞魚肉，少吃豬羊肉。皮和可見的脂肪必須剔除。減少吃肉倒可以，卻不必不吃。

(2)不要吃脂肪和甜食：每個人都需要一些脂肪，沒有脂肪，身體不會健康。而甜食只不過含的營養較少而已。我們不妨吃些含脂肪的甜食，例如巧克力蛋糕，注意少吃就行了。

(3)零食對健康有害：對注意保持體重的人來說，有節制地吃零食不是件壞事。吃零食可減輕饑餓，避免大吃大喝，而且有利於保持平衡的血糖水準。不過要選擇適當的零食，例如水果、蔬菜、全穀食物等。

(4)隨著年齡增長，少吃才可避免肥胖：的確，隨著年齡的增長，代謝率有些降低。但是要弄清楚，體重增加的重要原因在於運動量少，只要我們堅持運動，即使不減少吃，也可避免肥胖。

(5)運動指的是艱苦的和出汗的鍛鍊：對女性來說，最好的運動之一是步行，步行是輕快的，任何時候步行都是個好主意。以十五分鐘走一公里的速度步行一公里，消耗的熱量和跑步一樣多。

(6)咖啡因有害健康：一項調查表明，15%的人戒除咖啡因，其餘的85%，有三分之一減少咖啡因的攝取。專家強調，現在仍未找到適時攝取咖啡因與心臟病、膀胱癌等病有關的證據。

(7)在外吃飯對保持健康飲食困難大：你只要堅持半吃素的原則，在外吃仍可保持飲食的健康。此外，挑選煮的、蒸的，避免煎、炸的食物。餐桌上的調味料最好不用，或者少用，這樣做，困難一點不大。

這些錯誤的認識，把我們引導到了健康的誤區，對於正確保持健康起到了阻礙的作用，用這樣的意識去維護健康，勢必會適得其反，我們應該清醒地認識到這些錯誤。

有時候，一些小病小痛往往不會引起我們的重視，尤其是年輕人，總覺得自己的身體好，不把小病小痛當作一回事。其實，這些小病痛正是不健康的訊號，值得我們認眞對待。對照下面這些項目，看看自己是否已經處在了不健康的狀態。

(1)關節疼痛。如果以前沒有關節病史，近期突然感到關節發軟、疼痛，這時千萬不要自認爲是風濕引起的，因爲動脈硬化可導致血管栓塞，同樣會引起關節病。

(2)頭痛伴嘔吐。絕大多數高血壓、腦動脈硬化患者均會出現不同程度的頭痛、頭暈，如果再伴有經常性嘔吐，則可能與腦部腫瘤有關。

(3)左胸前區疼痛。一般是由於心絞痛和急性心肌梗塞所致，亦可由主動脈瓣狹窄、肺動脈栓塞、胸膜炎、肋間神經炎、肋軟骨炎、自發性氣胸等疾病引起。

(4)突然消瘦。人到老年，體重會略有下降，這是正常的生理現象。但是如果突然消瘦並伴有食欲不振時，應引起高度重視。突然消瘦主要與胃癌、胰腺癌、肝炎、慢性胰腺炎、慢性腹瀉等疾病有關。

(5)排尿異常。排尿過程中如有疼痛、尿急、尿頻、排尿困難、尿瀦留、尿失禁、血尿等症狀，均不正常，可能是膀胱、尿道、前列腺及控制排尿活動的神經系統發生病變後引起的，亦可能是腎臟發生了病變，因爲腎腫瘤、腎動脈硬化、腎炎、腎結核都可能引起血尿。

(6)咳嗽伴咯血。吸菸、異物進入氣管、感冒、咽炎、支氣管炎、肺炎、肺結核、肺癌、咽喉癌等都可引起咳嗽，如果咳嗽的同時伴有咯血，就更嚴重了。通常情況下會有下述病症：支氣管擴張、支氣管肺癌、冠心病合併左心衰竭、肺水腫、肺淤血、肺梗塞、風濕性心臟病二尖瓣狹窄所致左心衰竭等。

(7)便血和腹瀉。如果便血呈鮮紅色，一般爲下消化道出血，如：痔瘡、肛裂、結腸及直腸癌、痢疾、腸結核等。如果便血呈黑色，一般爲上消化道出血，如潰瘍病出血、胃癌、肝硬化等。引起腹瀉的原因比較多，但較爲嚴重的是結腸癌、萎縮性胃炎、胃癌、慢性胰腺炎、胰腺癌等。

(8)嗜睡與倦怠。老年人出現愛睡覺的現象，這算不上大病，但如果出現嗜睡與倦怠現象時，就有可能是患上了某種疾病。

(9)視力急劇下降。人到老年，出現輕微的視力下降屬於正常生理變化，但是如果出現視力急劇下降，突然單眼或雙眼看不見東西，就可能是與某些疾病有關，如高血壓、糖尿病、動脈硬化、血栓脫落、玻璃體出血、視網膜脫落、視神經炎等。

⑽呼吸困難。造成呼吸困難的疾病主要有咽喉腫脹、鼻炎、氣管膿腫、腫瘤、異物、哮喘、肺氣腫、肺炎、自發性氣胸、腦梗塞、心肌梗死、冠心病、腦部神經炎、腦部腫瘤等。

健康Tips

春季吃野菜　時尚又抗癌

蒲公英　其主要成分爲蒲公英素、蒲公英甾醇、蒲公英苦素、果膠、菊糖、膽鹼等。可防治肺癌、胃癌、食管癌及多種腫瘤。

純菜　其主要成分爲氨基酸、天門冬素、岩藻糖、阿拉伯糖、果糖等。如純菜葉背分泌物應對某些轉移性腫瘤有抑制作用。可防治胃癌、前列腺癌等多種腫瘤。

魚腥草　亦稱折耳根。其主要成分爲魚腥草素（癸醯乙酸）。透過實驗將魚腥草用於小鼠艾氏腹水癌，有明顯抑制作用，對癌細胞有絲分裂最高抑制率爲45.7%，可防治胃癌、賁門癌、肺癌等。

魔芋 其主要成分爲甘聚糖、蛋白質、果糖、果膠、魔芋澱粉等。如甘聚糖能有效地干擾癌細胞的代謝功能，魔芋凝膠進入人體腸道後就形成孔徑大小不等的半透膜附著於腸壁，能阻礙包括致癌物質在內的有害物質的侵襲，從而起到解毒、防治癌腫的作用。如甲狀腺癌、胃賁門癌、結腸癌、淋巴瘤、腮腺癌、鼻咽癌等。

第二章

透過器官看健康

第一節　頭髮

頭髮不僅能保護頭皮，還反映人的健康狀況，透過觀察頭髮的細微變化，可以察知疾病。

頭髮主要由角蛋白構成。在頭髮中含有二十多種氨基酸。據報導，測定頭髮中微量元素的含量，就可對多種疾病進行診斷。

頭髮在世界上，由於各族和地區的不同，有烏黑、金黃、紅褐、紅棕、淡黃、灰白，甚至還有綠色和紅色的。科學研究證明：頭髮的顏色與頭髮裡所含的多種元素的不同有關。黑髮含有等量的銅、鐵和黑色素，當鎳的含量增多時，就會變成灰白色。金黃色頭髮含有鈦，紅褐色頭髮含有鉬，紅棕色的除含銅、鐵之外，還有鈷，綠色頭髮含有過多的銅。在非洲一些國家，有些孩子的頭髮呈紅色，是嚴重缺乏蛋白質造成的。

一般人的頭髮約有十萬根左右。在正常情況下，頭髮每日生長約〇．三毫米，三天長一毫米左右。陽光照射能加速頭髮的生長。每根頭髮的壽命，一般為二至三年，最長的可達六年。

在正常的情況下，所有頭髮並不都是同步生長，大約有90％以上的頭髮在生長，10％以下的在自然脫落。成年人一天約有六十根左右頭髮脫落。因爲頭髮脫落與生長保持相對平衡，所以不顯出有脫髮現象。但如果頭髮脫落多於生長，就會形成頭髮稀疏，甚至形成脫髮。脫髮的原因很多，有的是生理性的，如妊娠、分娩後脫髮；也有的是病理性的，主要由各種疾病引起，如傷寒、肺炎、頭癬、貧血、癌腫等。此外，還有遺傳因素等。

中醫認爲，腎氣的盛衰可以從頭髮上體現出來，即所謂「其華在髮」。腎氣是促進發育、成長和生育繁殖等機能活動的一種動力。腎氣充足時，人體精力充沛，毛髮生長旺盛。相反地，腎氣過早衰退就會使人未老先衰、毛髮脫落、鬚髮早白。

健康Tips

護髮食療法

黑芝麻　可將黑芝麻洗淨曬乾，文火炒熟，碾碎成粉，配入等量的白糖，早晚用溫水調服二至三湯匙。

核桃　每日空腹生吃核桃數枚，亦可用其他方法佐食。

桑麻丸　用桑葉加黑芝麻配製而成，其製法爲：秋季採桑葉適量，漂洗乾淨，曬乾研末，另將熟黑芝麻磨成粉，分別盛在陶瓷罐中，食用時按一：四比例（桑葉一，芝麻四）加入適量蜂蜜，揉成麵團狀，再分成若干小丸，早晚各取一枚嚼食，溫開水送下即可。

雞油　有生髮烏髮的功能，可像香油一樣，拌菜或淋於湯中食。

第二節　眉毛

您知道嗎？我們每個人臉上那兩道眉毛與自己的健康有著密切的關係。中國醫學認爲：眉毛屬於足太陽膀胱經，領先足太陽經的血氣而生，也反映著足太陽經血氣的盛衰。《內經》上說：「美眉者，足太陽之脈血氣多；惡眉者，血氣少。」這裡所謂惡眉，是眉毛「無華彩而枯瘁」。因此，眉毛粗長、濃密、潤澤，反映足太陽經血氣旺盛。反之，眉毛稀短、枯脫，反映足太陽經血氣不足。

眉毛的狀況與腎氣是否充足有關。眉毛濃密，說明腎氣充沛，身強力壯，而眉毛稀淡、無華彩，說明腎氣虛虧，體弱多病。

中國醫學認爲：觀察眉毛形態對診斷疾病有一定幫助。甲狀腺功能減退以及腦垂體功能減退患者，眉毛往往脫落，並以眉的外側最爲明顯。而神經麻痺症患者，則麻痺一側的眉毛較低，不論向上抬舉或單側上瞼下垂時，病變一側的眉毛均顯得較高。痲風病患者早期可出現眉部外三分之一的皮膚肥厚與眉毛脫落。斑禿患者，也有眉毛脫落症狀。眉毛直而乾燥爲女性月經不調及男性神經系統有疾病的徵兆。女性眉毛過濃，表明腎上腺皮質功能亢進；眉毛不時緊蹙，是疼痛疾病的表現。

老年人由於氣血不足、腎氣漸虛，眉毛往往脫落稀淡。老人眉毛茂盛、秀美，被稱爲「壽眉」，長著「壽眉」者，大多長壽。民間傳說中的老壽星有著一對長眉毛，是有一定科學道理的。

健康Tips

眉毛的修飾

現實中的眉型，並不都是理想的標準眉型，而是存在著許多的缺陷，大大影響了面部的美觀，因此要進行修正。常見的眉型有以下幾種：

1.向心眉：兩眉頭之間的距離過近，間距小於一隻眼的長度，使人顯得緊張、不愉快和五官緊湊不舒展。有的人兩條眉毛甚至連在一起成爲連心眉。

修正方法：將兩眉之間過近的眉毛拔掉，將眉頭描畫到內眼角正上方外側一點，眉峰向外移一些，眉梢向外拉長一些。

2.離心眉：兩眉頭之間的距離過遠，間距大於一隻眼的長度，眉毛的位置偏向臉的外側，眉毛與鼻根處顯得過於開闊。使人顯得和氣但遲鈍，五官分散。

修正方法：在眉頭前用尖細的眉筆，順眉毛的長勢一根根描畫，畫出虛虛的眉頭，眉頭位置在內眼角正上方內側一點，將兩眉距離拉近，眉峰略向前移，眉梢不宜拉長。注意描畫的眉頭與原有眉頭的銜接要自然。

3.吊眉：眉頭低、眉梢上揚，使人顯得喜氣精明。但過吊的眉使人缺少柔和感，並有使臉型顯長的效果。

修正方法：修眉時除去眉頭下面的眉毛和眉梢上面的眉毛，使眉頭與眉梢接近於同一水平。描畫時，側重於眉頭上面和眉梢下面的彌補，將眉頭上揚，眉梢往下描畫。

4.垂眉：又稱八字眉，眉頭高、眉梢低，使人顯得親切慈祥，但也有憂鬱和愁苦的感覺，使人看起來年齡較大。

修正方法：修眉時除去眉頭上面的眉毛和眉梢下面的眉毛，使眉頭與眉梢接近同一水平。描畫時側重於眉頭下面和眉梢上面的彌補，將眉頭壓低，眉梢往上描畫。

5.雜亂的眉：眉毛較密，顏色黑而深，成片生長沒有規律，使人顯得不夠乾淨整齊，過於隨便。

修正方法：根據臉型和眉與眼睛的間距，描畫出基本眉形，將多餘的眉毛拔除，保留自然的眉體。用眉刷蘸少量化妝膠水，塗於雜亂的眉毛上，稍乾後用眉梳順著眉毛生長方向理順，使眉毛自然服貼。

6.細而淺淡的眉：細淺的眉使人顯得清秀，但過細則使人顯得小氣，過淺則缺少生氣，尤其是大臉盤的人顯得不協調。

修正方法：根據臉型調整眉毛弧度，強調眉峰，按眉毛自然生長方向一根根描畫，將眉型加寬，眉峰顏色加濃，眉梢略微淺淡。

7.太濃密的眉毛：眉毛又差又濃，不雅致、不柔和，又容易轉移對眼睛的視線，必須進行修剪。

修整方法：先用眉刷和小梳子上下刷、梳之後，先撥去散在的雜毛，然後根據眉毛的基本傾向，用眉筆畫出一條眉線，畫完後，用眉剪細心地沿著眉形線修出一條切割線，再逐漸修剪，等兩條眉毛都照眉形線修完以後，再將眉毛的濃密部分適當地用眉鉗撥得稀疏得當，這樣，原先參差濃密的眉毛就變得柔和清秀。修整後，如發現眉梢不夠長，可用眉筆描一下，要求描得自然，看不出眉筆的痕跡。

8.斷眉：眉腰中部眉毛稀疏，可用眉筆接前繼後，按眉毛的長向順序細緻地描畫，使之完美無缺。

9.眉毛太彎：可剃去上緣，以減輕眉拱的彎度。

第三節　眼睛

眼睛是人體最重要的感覺器官之一。心理學家認爲，眼睛的外形與性格有關：如心情憂鬱者，眼形較小而深陷，眼睛活動減少，目光羞怯，害怕目光接觸；性格暴躁者，眼形大而突出，眼睛活動較頻，喜歡目光交迸……。醫學界對眼睛的認識遠深於此。

中醫認爲，眼睛之所以能視物，是由於「五臟六腑之精氣皆上注於目」，目受臟腑精氣所養，透過十二經脈、奇經八脈（除任脈外），將目與臟腑緊密聯繫在一起，當人體出現疾病的時候，眼睛也會相應地發生變化。

中醫透過長期的臨床實踐，把眼與臟腑的密切關係概括爲「五輪學說」，就是把眼的五個部位分屬於五臟，透過觀察這些部位的異常徵象，以推斷臟腑的病灶。現代醫學在微觀研究的同時，也積累了眼部疾病與全身性疾病宏觀研究的豐富的臨床和實驗資料，證實了透過觀察眼睛的神、色、形、態等方面的改變，可以推測局部及全身的病變。

科學已經證實，大約有近八十種內外科疾病，是完全可以預先從人眼睛的異常徵象上察看出來的。

健康Tips

青光眼防治常用五招

1. 要保持穩定的情緒，避免精神緊張和過度興奮。
2. 起居有規律，不在黑暗處久留，防止瞳孔擴大，引起眼壓升高。
3. 寒冷多風沙的不良天氣儘量減少外出，以減少對眼部的刺激。
4. 在溫暖晴朗的天氣下，適度戶外活動。
5. 禁止長時間低頭伏案工作，防止眼部淤血。

第四節　耳朵

耳由三個部分組成：外耳、中耳和內耳。外耳好像收音機的喇叭，主要起到收集聲音和辨別聲音方向的作用；中耳則傳導聲音；內耳除了掌管聽覺之外，還有維持平衡的功能。耳朵是世界上最小巧、最神奇的收音機和平衡儀，所以，如果耳朵出了毛病，不僅使聽力發生障礙，還會產生眩暈。

中醫認爲，耳爲腎所主，腎開竅於耳，心氣也通於耳。耳部爲宗脈之所聚，胃、膀胱、三焦、膽經等經氣皆上通於耳，其病候也皆反映於耳，所以，耳診已成爲中醫診斷學體系中的重要組成部分。

有些醫學大師把耳朵喻爲微型人體，人體的每一個組織器官均可在耳朵上找到相應的穴位，當這些組織器官發生病變時，這些穴位也必然產生相應的改變。就是說，望耳可以斷病，耳朵能告訴人們很多疾病的訊號。

健康Tips

七種常見藥易致耳聾

1.慶大黴素：是臨床上常用的一種抗生素，對耳的前庭和耳蝸有損害，是造成中毒性耳聾的主要藥品。兒童使用慶大黴素會造成不可逆性的聽力下降。

2.卡那黴素：毒性比慶大黴素要強，卡那黴素在內耳蓄積，早期不出現症狀，多在用藥後出現，即使停藥，仍對內耳繼續損害。

3.利尿劑：抑制內耳血管紋的活性，使內耳細胞萎縮變性，病變早期是可逆的，腎功能不全又合併使用氨基醣甙類抗生素便可造成永久性耳聾。

4.阿斯匹靈：可破壞內耳的氧化酶，大量服用後出現頭暈、噁心、耳鳴和耳聾。

5.奎寧和氯喹：是抗瘧類藥物，妊娠期間服用，可導致胎兒發生先天性耳聾，產生耳聾的原因與耳蝸小血管痙攣或血栓形成有關，如果及時停藥治療，內耳的損害是可避免的。

6.順氯胺鉑：是近年來臨床上應用的一種廣譜抗癌藥物，它會破壞細胞DNA的結構和功能，破壞細胞增殖，聽力多爲雙側對稱性下降。

7.避孕藥：大量服用可導致內耳淋巴液離子紊亂，產生感音性聾，甚至爲永久性聾，多伴有耳鳴，偶有眩暈。

第五節　鼻子

鼻子由外鼻、鼻腔和鼻竇三部分組成。外鼻形如一個三邊錐體，鼻腔是位於兩側面顱之間的腔隙，在鼻腔的上方、上後方和兩邊各有兩對鼻竇。鼻孔內的鼻毛有過濾吸入空氣的作用，鼻黏膜分泌的黏液有黏附吸入氣體中的灰塵、異物及濕潤吸入空氣的作用。

中醫認爲，鼻部集中了五臟的精氣，其根部主心肺，周圍候六腑，下部應生殖。鼻爲肺之門戶，呼吸之氣出入於鼻，爲氣體交換的通道。此外，鼻與臟器透過經脈相連，以致於肌體內部的一些微小變化，也常能夠透過鼻子的顏色、形態和功能的改變而反映出來，如《靈樞》曰：「脈出於氣口，色見於明堂。」（明堂在兩眉之間，此爲鼻）。無怪乎，古往今來高聳的鼻子一直成爲醫家望診的重要部位，以期測知體內的病變。

很多內臟疾病可以從鼻子上反映出來，據國外科學家的醫學研究成果顯示，從一個人的鼻子上可以預測出人的健康狀況，透過觀察鼻子的異常徵象，可以預測到近三十種疾病。

健康Tips

神奇的鼻妝

鼻妝的關鍵是選擇鼻側影。鼻側影可使鼻部增高，鼻樑直挺，還可與眼瞼顏色相襯，使眼妝更有神。鼻妝常用的顏色爲褐色、暗色、紫褐色等。化妝中應注意兩條側景均勻對稱，沿鼻樑平直輕掃，避免出現歪斜、移位或錯位；鼻樑兩邊側影的間距一般爲一至一．五公分，太寬太窄都不自然；側影的起始應呈弧形，避免直角狀；側影的內側平直，外側應暈染，勿呈線條狀，鼻美容應根據不同的鼻形，以不同的化妝技巧來修飾。

1.扁長鼻子：在內眼角至眼瞼部位打上褐色側影，鼻尖偏上打亮粉底，在鼻尖用暗色粉底加以高鼻樑，抬高鼻頭，起到縮短鼻的視覺效果，使鼻子看上去顯得挺拔。

2.短小鼻子：可將眉頭畫得稍高些，從眉頭起至鼻翼兩側塗紫褐色並暈染，鼻樑上端的化妝色彩要極淡，越向下越濃。鼻頭部位以濃褐色用指尖抹開。

3.長尖鼻子：用褐色刷在鼻子的兩側，在靠近兩個內眼角外要特意加深一些，再在鼻尖稍微刷上暗色。

4.塌鼻子：先在鼻樑上抹一條淺色的粉底，兩側可用紫褐色側影並暈染，在塌陷外用亮色，即可在視覺上造成鼻樑的挺直。

5.圓鼻子：這種鼻子在面部易造成體積過大的錯覺，與臉的其他部位顯得不太協調。可用褐色側影，從眉頭沿鼻樑的兩側至鼻頭塗抹，起到收縮鼻子的作用。

6.鷹勾鼻：鼻樑兩側塗淡色側影，在鼻樑突出外用深色粉底修飾，使其高度看似有所降低。

第六節　舌頭

健康人的舌頭色淡紅而潤澤，舌苔薄白，沒有裂痕和凹痕。如有下列情形者，往往提示身體不健康：

(1)舌面味蕾絲聚在一起，形成溝和脊，表明長期缺乏維生素B。

(2)舌部運動不靈活，有些僵硬，說話不清，常是腦血管破裂的先兆，或是中風的後遺症。

(3)舌面出現芒刺，一般表明患有肺炎及其他發高熱的疾病，猩紅熱病人也是這樣。

(4)伸舌時震顫，表明神經衰弱和久病體虛。

(5)舌苔黃膩，反映消化不良、食欲不振，消化道中腐敗有機物增多。急性肝炎病人也往往有這樣的舌苔。

(6)舌色過淡，說明是貧血或組織水腫。

(7)舌色青紫，是身體缺氧的表現。

(8)舌頭胖大，可能病人患有甲狀腺機能低下或肢端肥大症。

(9)舌體胖嫩，舌連齒痕，表明患有水腫，中醫認爲是「氣虛」。

(10)舌質乾燥，表明交感神經緊張性增高，副交感神經緊張性降低，因此唾液的分泌減少。

(11)舌色鮮紅而平，往往表明患有糖尿病。

健康Tips

防衰老的「舌頭操」

1.每天早晨舌頭伸出與縮進各十次。然後，舌頭在嘴巴外面向左、向右各擺動五次。

2.坐在椅子上，雙手十指張開放在膝蓋上，上半身稍微前傾，用鼻孔吸氣，接著嘴巴大張，舌頭伸出並且呼氣，同時睜大雙眼，目視前方，反覆操練三至五次。

3.嘴巴張開，舌頭伸出並縮進，同時用右手食指、中指與無名指的指尖在左耳下邊至咽喉處，上下搓擦三十次。然後，用左手三指的指尖反方向上下搓擦三十次。

4. 對著鏡子嘴巴張開，舌頭輕輕地伸出，停留二至三秒鐘，反覆操練五次。然後，頭部上仰，下巴伸展，嘴巴大張，伸出舌頭，停留二至三秒鐘，反覆操練五次。

第七節　指甲

指甲在一般人眼中似乎沒什麼作用，其實指甲的顏色、形狀或表面等或多或少都能反映身體的健康狀況，有時更是嚴重疾病的預告，大家不妨留意一下。

(1)顏色變化：正常的指甲會呈粉紅色，倘若發現指甲發紫，便是貧血或心血管疾病的預兆。如果指尖顏色正常，而指甲上半部呈白色，很可能是末期腎衰竭的表徵；而指甲變白亦可能是肝衰竭的症狀。此外，如果在沒有受傷的情況下指甲變黑，更要及早診斷，因爲這可能是可致命的黑色素細胞癌表徵。

(2)呈匙羹狀：如指甲向下或凹下，從側面看呈匙羹狀，可能是貧血或嚴重缺乏鐵質。

(3)指甲凹陷：如果指甲表面出現一點點凹陷的小坑，即可能是因牛皮癬、濕疹或眞菌感染而引起的。

(4)指甲底部浮腫：如果底部隆起，令整個指甲周圍都發生浮腫的話，便可能是肺部疾病，也可能是肝、結腸或心臟出現問題。

(5)橫向脊紋：指甲上出現橫向凹陷的脊紋，便是嚴重疾病的訊號，而疾病痊癒後，橫紋也會隨指甲生長而逐漸退出。

(6)指甲容易破裂：身體缺乏鐵質，應該多補充深綠色葉菜、魚類、豆類等。

(7)杵狀膨大：指甲顯著地向上拱起，而且圍繞手指變曲。指甲杵狀膨大可能表示患有氣腫、結構病、心臟血管病、潰瘍性結腸炎或肝硬化。

(8)藍新月：指甲根部的新月形白痕若有一層藍暈，表示可能有下列病症中的任何一種：血液循環受阻、心臟病、雷諾氏症狀、手指和腳趾的血管痙攣，通常是由於曾受冷凍所致。但有時也與類風濕關節炎或自身免疫的疾病紅斑狼瘡有關。

(9)琳賽氏指甲：指甲近甲尖的一半呈粉紅色或褐色，近甲末端的一半呈白色，這種指甲又名兩截甲，可能是慢性腎衰竭的一個跡象。

(10)博氏線：指甲上出現橫溝，是表示營養不良或得了某種會暫時影響指甲生長的嚴重病症，如痲疹、肋腺炎、心臟病突發。

(11)泰利氏指甲：指甲下面的皮膚大部分變成了白色，只剩下近指甲尖處的一小部分仍然呈現正常的粉紅色。這可能表示肝臟硬化。

⑿黃甲徵候族：指甲生長速度減慢，而且變得厚且硬；呈黃色或綠色，成因包括慢性呼吸疾病、甲狀腺病或淋巴病等。

⒀裂片性出血：指甲上如果出現這些縱向紅紋，是表示微血管出血，如果多條這種血線出現，可能預示患了慢性高血壓、牛皮癬或一種名叫亞急性細菌性心內膜炎的致命感染。

⒁褐斑或黑斑：這種色斑，特別是那種指甲擴展到周圍的手指組織的，可能是表示患了黑色瘤。它們也許是單一的一大塊，也可能是一堆小斑點，最常見的出現地方是拇指和大腳趾。

健康Tips

指甲受傷急救法

1.指甲被擠掉時，最重要的是防止細菌感染。應急處理時，首先把擠掉指甲的手指用紗布、繃帶包紮固定，再用冰袋冷敷。然後把傷肢抬高，立即去醫院。

2.指甲縫破裂出血，可用蜂蜜對一半溫開水，攪勻，每天抹幾次，就可逐漸治癒。如果指甲破裂者是球類運動員，在治療期間，如果需要繼續打球，在打球之前，一定要用橡皮膏將手指末節包二至三層，加以保護，打完球後立即去掉，以免引起感染。

3.如果因外傷引起甲床下出血，血液未流出，使甲床根部隆起，疼痛難忍不能入睡時，可在近指甲根部用燒紅的縫衣針紮一小孔，將積血排出，消毒後加壓包紮指甲。

注意事項：

1.手指甲被擠掉後，萬一是夜間，不能去醫院時，應對局部進行消毒，如家裡有抗生素軟膏，應除上一層。第二天一定要去醫院診治。

2.平時不要把指甲剪得太「禿」，否則會造成指甲縫破裂出血。

3.有指甲破裂出血史的人，還應在日常的膳食中，注意多吃些含維生素A比較多的食物，如白菜、蘿蔔、韭菜和豬肝等，以增加皮膚的彈性。

第八節　皮膚

皮膚是身體抗禦病邪的第一道防線，透過經絡通道，內外相應，使機體保持正常的生理功能。如果皮膚功能失調，可直接或間接引起內臟功能紊亂而發病。反之，內臟有病，也可能通過皮膚發病或皮膚變化反映出來，所謂「有諸內必形諸外」。

內臟疾病的皮膚表現多種多樣。如皮膚顏色改變與血液循環或血液氧化作用的改變有關。根據神經纖維瘤的咖啡牛奶斑及纖維瘤，可追查到腎性高血壓及腎臟的嗜鉻細胞瘤。肉樣瘤病人皮膚出現丘診、結節、斑塊、凍瘡樣狼瘡、結節性紅斑等皮膚損害，往往使人忽視瘤病本身。

乳頭片狀濕疹也有可能成爲發現乳腺導管內腺癌的證據。黑棘皮病體表皺褶部位皮膚色素沉和角化過度，常爲胃癌的見證。最常見的帶狀皰疹，成群的水泡對稱分布於體側，伴劇烈瘙癢，透過免疫螢光檢查，常可發現有小腸黏膜損害，且多爲腸淋巴瘤。糖尿病會引起一些皮膚病變，如糖尿病性足壞疽，指（趾）遠端和受力點較深的慢性潰瘍，皮膚瘙癢等。

過敏性紫癜伴有全身症狀，如發熱、關節痛、頭痛不適及食欲不振等，說明其已累及關節和內臟，尤其是對胃臟的損害嚴重。因此，對過敏性紫癜患者應作反常規檢查，以便及早發現腎臟病變，對伴有腹痛者，還應做大便潛血試驗。

系統性紅斑狼瘡，內可損害五臟六腑，外則出現皮膚黏膜損害，其典型表現爲雙頰及鼻樑處蝶形紅斑及盤狀狼瘡樣皮炎。青、中年婦女不明原因脫髮，甚至脫眉毛，並伴有全身乏力或頭重腳輕等，在血液生化檢測中，往往可見γ球蛋白升高，IgG、IgM及循環免疫複合物升高，補體降低，抗核抗體和抗ds-DNA抗體陽性等。紅斑性狼瘡的外部表現還有日光過敏，口腔潰瘍，甲周紅斑及毛細血管擴張，掌及指腹紅斑，紫癜，壞死性血管炎，多形和結節性紅斑等。

健康Tips

春季怎樣保養皮膚

注意皮膚的清潔　每日至少要洗臉三次，用溫水徹底清洗。此外，常沐浴對皮膚的保養也十分有效。

注意飲食調節　避免過量食用高脂類、糖類食品以及蔥蒜、辣椒等刺激性的調味品。多攝取富含維生素B_6、維生素C、維生素E類的食物。

多飲水　美容大師認爲，睡前飲一杯水及洗澡前飲一杯水，能使體內的細胞得到充足的水分，使皮膚更加細膩柔滑。

你需要的是水不是油　應選用有保濕功效的護膚品，而非油性的面霜。

化妝品也該「換季」了　除了使用具保濕及修復受損細胞功能的低油度面霜外，粉底應改用乾濕兩用粉底，以保持面部乾爽不膩，避免沾住太多灰塵雜質。晚間保養則應選用水質的保養品，以讓皮膚充分休息。

防曬必須從春天開始　想要保持白晰的膚色，不要等到夏日來臨才開始用防曬霜，春天的陽光對皮膚一樣具有傷害性，不要爲暖洋洋的春光所蒙蔽。

此外，應注意生活要有規律。避免過度緊張，不要時常熬夜，保持輕鬆愉快的心境。這對皮膚的保健很重要。只要我們重視對皮膚的保養，即使在最易出現問題的春季，也能使皮膚與春天一樣健康美麗。

第三章

透過症狀看健康

第一節　瘙癢也是疾病訊號

瘙癢時常發生，會由於多種情況引起，一般情況下不爲人們所重視。但瘙癢也常常是嚴重疾病的訊號，那麼，哪些病易引起瘙癢呢？

(1)患膽汁性肝硬變等肝、膽疾病時，瘙癢是最早出現的症狀。

(2)胰腺癌患者膽汁鬱積，會產生黃疸瘙癢。

(3)若瘙癢感突然消失，常常爲肝功能衰竭的徵兆。

(4)慢性腎盂腎炎等腎病可發生瘙癢，原因與尿毒症有聯繫。

(5)甲狀腺疾病、糖尿病、老年病可引起瘙癢，這與皮膚乾燥有關。

(6)痛風引起瘙癢是因爲組織內尿酸增多。

(7)肺癌、胃癌、結腸癌、乳腺癌、前列腺癌、蕈狀肉芽腫患者也會產生瘙癢。

(8)女性陰部瘙癢與滴蟲、黴菌有關。

(9)男性瘙癢常見於患神經性皮炎和核黃素缺乏。

(10)兒童產生瘙癢，患蟯蟲病、濕疹是常見原因。

所以，對瘙癢應該區別對待，尤其是年齡超過四十歲的人，如果瘙癢久治不癒，又找不到原因，就要考慮可能是體內病變引起，應及時到醫院檢查。

健康Tips

不要濫用「膚輕鬆」

「膚輕鬆」軟膏是合成的激素製劑，有消炎和抗過敏的作用，對多種皮膚病，如接觸性皮炎、濕疹、神經性皮炎及脂溢性皮炎等是有效的，特別是對這些皮膚病所引起的瘙癢，有一定的止癢作用。然而，有些人把它當成治療皮膚病的萬能藥，動輒就要求醫生開「膚輕鬆」。事實上並非如此，一些感染性皮膚病，外用「膚輕鬆」不但無效，甚至還會使局部抵抗力降低，令病情加重。下面一些皮膚病是不適宜使用「膚輕鬆」的。

1.足癬（又稱香港腳）、股癬等皮膚病，都是由表皮癬菌引起的，「膚輕鬆」沒有直接殺滅或抑制這些癬菌的作用。因此，足癬、股癬用「膚輕鬆」

時，只能起暫時控制炎症和止癢作用，但不可能殺死癬菌，如長期或反覆使用，會使癬病加重和擴散。

2.膿皰瘡、癤以及化膿性皮膚病也不適宜用膚輕鬆。因爲這些皮膚病也是由細菌引起的，擦膚輕鬆後不但治不了這些病，還會使病情加劇，增加痛苦。

3.長在口唇旁的單純皰疹和長在身上的帶狀皰疹，也不宜用膚輕鬆。因爲這些皮膚病是由比細菌還小的病毒引起的，而膚輕鬆沒有殺滅及抑制病毒的作用，如果皰疹外用膚輕鬆，也會使患處感染加劇。

4.年輕人的痤瘡，是青春發育期皮脂腺活動旺盛而引起的常見的皮膚病。這種皮膚病容易合併感染發生膿皰或炎症性小結節，這時如果塗擦膚輕鬆，有害無益。尤其不要在面部長期使用膚輕鬆，否則會引起皮膚輕度萎縮、變薄、毛細血管擴張、皮膚發皺。特別是嬰幼兒，皮膚嬌嫩，更不宜長期大面積使用，因爲它是較強的激素製劑，皮膚吸收後，會引起腎上腺皮質功能抑制，帶來嚴重不良後果。

第二節　肥胖影響健康

肥胖是糖尿病、心肌梗塞等許多疾病的重要誘因。肥胖度要根據身高和體重計算而得。最常用的方法是：標準體重（公斤）＝身高（公尺）×身高（公尺）×二十二。例如，如果身高是一百七十公分，則一．七×一．七×二十二＝六十三．六（公斤）是標準體重。在這個體重上下10％的範圍都算是理想體重。超過20％就是太胖，低20％則是太瘦。也就是說，身高一百七十公分的人，如果體重七十六．三公斤以上，便有肥胖的問題。

跟肥胖有關的三大要因是飲食、運動、體質。有人大吃大喝卻骨瘦如柴，有人整天算計飲食和運動量卻一直發福。但是，一般而言，胖子多半是攝取過多高營養價值的食物，加上運動不足所造成的。在美國甚至會因「連自己的體重都控制不住」而被公司視爲欠缺管理能力。就算是因爲與生俱來的體質而發胖，也不要輕易放棄，反而必須比其他人更努力減肥才對。

通常，肥胖是指皮下脂肪過多的狀態。但是，脂肪堆積在腸管等內臟器官周圍的「內臟性肥胖」也日益受到重視。醫學界認爲內臟性肥胖導致糖尿病、心肌梗塞等的危險性更高，因此必須更加小心。內臟性肥胖無法從身高和體重得知，即使外表瘦巴巴的，肚子也沒凸出，仍有可能罹患內臟性肥胖。CT（電腦斷層攝影裝置）照片可以同時把皮下脂肪和內臟脂肪的狀態呈現出來，不放心的人最好去檢查一下。

健康Tips

正確減肥四個忠告

1.聽從專業人士指導。一個高效的減肥計畫，必須有賴專業知識的指導。對肥胖類型進行檢查後，應由美體專家制定個人方案。

2.有針對性地使用不同的瘦身儀。肥胖分肌肉型、水腫型、脂肪型等，所以應根據不同的肥胖類型，側重使用不同的瘦身儀，方能事半功倍。

3.瘦身定型計畫至關重要。一個好的瘦身定型計畫是瘦身成功的關鍵。使用瘦身儀減肥後，爲防止反彈，對瘦身成果進行定型必不可少。

4.正確認識減肥，樹立信心。減肥是一項綜合工程，必須科學減肥才能保證身體健康。只要聽從專業人士意見，持之以恆就能達到長期減肥效果。

第三節　糖尿病人的健康人生

在我國，糖尿病的發病率正在逐年增加，患者人數節節上升，糖尿病已成爲第三大嚴重威脅我國人民健康的慢性疾病。然而，我國糖尿病的防治水準卻不容樂觀，許多患者對如何科學地防治糖尿病瞭解甚少，給家庭、社會及國家醫療保健系統帶來沉重的負擔。正確地預防和治療糖尿病，在全民範圍內普及糖尿病知識已迫在眉睫。

長久以來，糖尿病教育、運動、控制膳食、口服降糖藥或注射胰島素治療及血糖監測，被認爲是治療糖尿病的「五駕馬車」。運動作爲糖尿病完整治療的一個重要組成部分，近年來尤爲醫學界所重視。糖尿病的運動療法是多種多樣的，散步、做操、跑步、爬山等。其中爬山是一種比較理想的運動方式。實驗證實，爬山可以消耗多餘的熱量，破壞脂肪儲存，增加身體對胰島素的敏感性，減少胰島素和口服降糖藥物的用量。加強身體組織對糖的作用，特別是加強骨骼、肌肉對葡萄糖的攝取利用能力，能恢復組織細胞對糖的吸收，可促使血糖、血脂水準明顯下降。

健康Tips

吃什麼有助降血糖

南瓜　南瓜籽治療糖尿病效果不錯。用南瓜五十克、小紅豆四十克、海帶十克，加水入砂鍋內煮沸，豆爛後食用。

冬瓜　用冬瓜三十克、麥冬三十克、黃連九克，加水入砂鍋內煎煮食用。

洋蔥　可用洋蔥一百克、豇豆一百克，加水入砂鍋煮後食用。

蘿蔔　用綠豆二百克、梨一個、蘿蔔二百五十克，加水入砂鍋煎煮後食用。

山藥　用山藥五十克、鴿肉五百克、鹽少許，加水入砂鍋飩後食用。

苦瓜　其性寒味苦，有明顯降血壓的作用。把苦瓜曬乾碾碎成粉，經常服用，對糖尿病有較好輔助治療作用。

玉米　具有利尿退腫、降血糖、止血功效。用豬胰二只、玉米鬚五十克，加水入砂鍋煮後食用。

第四節　健康血壓標準再度下降

美國政府最近公布了一份新的高血壓推薦指導手冊，這份手冊規定收縮壓（高壓）超過一百二十毫米汞柱，舒張壓（低壓）超過八十毫米汞柱就不再被視爲健康血壓。

這一手冊由美國政府指定的專家委員會制定，刊載於近日出版的《美國醫學協會會刊》網路版上。新手冊並未修改高血壓的診斷標準，即高壓一百四十超過毫米汞柱，低壓九十超過毫米汞柱被視爲高血壓。但新手冊中對健康血壓的規定更爲嚴格，今後高壓在一百二十～一百四十毫米汞柱之間，或低壓在八十～九十毫米汞柱之間，將被視爲「準高血壓」。而美國現行的標準規定，高壓在一百三十～一百四十毫米汞柱之間，或低壓在八十五～九十毫米汞柱之間，才被視爲「準高血壓」。

制定這一新標準的政府專家組組長、波士頓大學醫學院院長阿拉姆·科巴尼安說，從前高壓一百二十毫米汞柱、低壓八十毫米汞柱被視爲相當健康的血壓水準。科學家們經研究發現，當高壓超過一百一十五毫米汞柱，低壓超過七十五毫米時，血液對血管的撞擊損害開始增加。相對於高壓一百一十五毫米汞柱、低壓七十五毫米汞柱的人而言，高壓一百三十毫米汞柱、低壓八十五毫米汞柱的人死於心臟病的機率要高出一倍。科巴尼安說，他希望這一新的高血壓標準儘快付諸執行，但並不想因此增加公眾的恐慌情緒。

高血壓作爲當今世界最廣泛流行的心血管疾病，是引起冠心病、腦血管病和腎功能衰竭的重要因素之一。近年來，世界衛生組織和世界各國紛紛制定了更爲嚴格的高血壓標準，以引起更多人的警惕，減少高血壓對人類的危害。

健康Tips

高血脂症的合理膳食結構

1.保持熱量均衡分配，饑飽不宜過度，不要偏食，切忌暴飲暴食或塞飽式進餐，改變晚餐豐盛和入睡前吃夜宵的習慣。

2.主食應以穀類爲主，粗細搭配，粗糧中可適量增加玉米、蓧麵、燕麥等成分，保持碳水化合物供熱量占總熱量的55%以上。

3.增加豆類食品，提高蛋白質利用率，以乾豆計算，平均每日應攝入三〇克以上，或豆腐乾四十五克或豆腐七十五～一百五十克。

4.在動物性食物的結構中，增加含脂肪酸較低而蛋白質較高的動物性食物，如魚、禽、瘦肉等，減少陸生動物脂肪，最終使動物性蛋白質的攝入量占每日蛋白總攝入量的20%，每日總脂肪供熱量不超過總熱量的30%。

5.食用油保持以植物油爲主，每人每日用量以二十五～三十克爲宜。

6.膳食成分中應減少飽和脂肪酸，增加不飽和脂肪酸（以人造奶油代替黃油，以脫脂奶代替全脂奶），使飽和脂肪酸供熱量不超過總熱量的10%，單不飽和脂肪酸占總熱量的10%～15%，多不飽和脂肪酸占總熱量7%～10%。

7.提高多不飽和脂肪酸與飽和脂肪酸的比值。西方膳食推薦方案應達到的比值爲〇．五～〇．七，我國傳統膳食中因脂肪含量低，多不飽和脂肪酸與飽和脂肪酸的比值一般在一以上。

8.膳食中膽固醇含量不宜超過三〇〇毫克／每日。

9.保證每人每日攝入的新鮮水果及蔬菜達四百克以上，並注意增加深色或綠色蔬菜比例。

10.減少精製米、麵、糖果、甜糕點的攝入，以防攝入熱量過多。

1.膳食成分中應含有足夠的維生素、礦物質、植物纖維及微量元素，但應適當減少食鹽攝入量。

2.少飲酒，最好不飲。

3.少飲含糖多的飲料，多喝茶；咖啡可刺激胃液分泌並增進食欲，但也不宜多飲。

第五節　便祕影響健康

人體需要的各種營養物質被胃腸道吸收利用後，使我們得到旺盛的精力去工作和生活。然而，任何事情都是一分爲二的。食物在代謝過程中產生的許多殘渣和有害物質，如果由於種種原因在腸道滯留時間過長，我們就會感到腹脹不適、食欲下降，甚至影響睡眠及工作。所以，我們在把好病從口入關的同時，也要重視糞便「出口」的通暢。如果「出口」不暢，就會影響「進口」的質和量。

正常情況下，大多數人每天大便一次，糞便柔軟成形，排便通暢。一個健康人從進食開始，經過消化吸收到形成糞便和排出糞便，一般需要二十四至四十八小時，兩次大便間隔時間一般一到二天。但因個體差異，排便習慣可明顯不同，有的二至三日排便一次，也有的一天排便二到三次。雖然排便間隔或次數不同，但糞便性狀正常，不乾燥，排便也不困難，都屬正常範圍。

研究證明，在胃腸功能正常的前提下，糞便的形狀及其數量的多少，主要取決於食物的種類和數量，尤其是食物中的纖維素，對於糞便的形成及其排出至關重要。如果飲食過精，食入的蔬菜──特別是含纖維素的蔬菜──過少，就會延長糞便在腸道內的停留時間，腸黏膜過多吸收糞便中的水分而使其變得乾燥，致使人們排便時費時費力，醫學上稱之爲「便祕」。

便祕的發生，有時是暫時的，當引起便祕的原因消除後，大便就正常了。如果便祕時間長了，則導致一系列不良反應，出現頭痛、頭暈、食欲不振、腹脹、腹痛、乏力等。較長時間的便祕可致肛裂、痔瘡等疾病。尤其需要注意的是，中老年人發生便祕可引起心肌梗塞。因此，一旦發生便祕，切不可掉以輕心或自己濫用瀉藥。

便祕是可以防治的，除藥物治療外，更重要的是根據自己的情況，養成定時排便的習慣。多食蔬菜、水果、豆類及雜糧等富含纖維素的食物，也是至關重要的。纖維素可形成對腸壁的刺激，增強腸蠕動，縮短糞便在腸內的停留時間，減少糞便中水分的吸收，同時又是食物被消化吸收後的主要殘渣，是形成糞便的主要成分。只有進食一定量含纖維素的食物，才能保證所形成的糞便達到一定體積，足以刺激腸壁產生蠕動而排便。食物纖維素還可刺激大腸黏膜黏液細胞分泌黏液，保持腸道滑潤，有利糞便通過。另外，進行適當的體育鍛鍊，特別是跳繩運動，腹部肌肉配合提腿跳動，促使腹肌、骨腸肌、肛提肌和括約肌等運動，並促進胃腸蠕動，可防治便祕。

總之，要想吃飯香，殘渣「出口」須通暢！要想身體壯，便祕防治切勿忘！

健康Tips

老人便祕的原因

1.腸蠕動緩慢：老年人的腸蠕動頻率降低，腸道中的水分相對減少，糞便乾燥導致大便祕結。

2.肛腸肌肉過度收縮：肛門周圍肌肉緊張收縮，很難產生便意，使糞便長時間滯留腸道內引起便祕。

3.精神體質欠佳：精神緊張、心情抑鬱的老年人多數有便祕症狀，這是因爲神經調節功能紊亂的緣故。一些慢性病，如甲狀腺功能低下、神經衰弱等可能出現便祕症狀。

4.藥物因素：許多老年人患心腦血管疾病，需要長期服藥治療。而一些抗高血壓藥物，如：地奧心血康及利尿藥等都可引起便祕。

5.體內缺水：老年人口渴感覺功能下降，在體內缺水時也不感到口渴，這使得老年人腸道中水分減少，導致大便乾燥。

6.飲食因素：飲食中缺少纖維素含量高的食物，尤其是缺少粗糧和水果，導致大腸內水分減少和菌群失調，引起便祕。

上述六種因素可以單獨引起便祕，也可以是幾種因素共同作用引起便祕。老年人應針對便祕的原因，採取不同的治療方法。除多吃些蔬菜、水果之外，還要適量吃些粗糧和海產品。每天飲水量不少於一千五百毫升，最好喝些綠茶。有心腦血管病的老年人，要注意藥物和精神因素對排便的影響，必要時更換其他藥物。不論何種原因引起便祕的老年人，每天最好散散步，使全身肌肉放鬆。同時，採取有針對性的防治措施，恢復正常的排便習慣。

另外，老年人活動量減少也是不可忽視的因素之一。因此老年人應適當增加鍛鍊，注意飲食結構，特別小心不要亂吃瀉藥，有問題應即時看醫生，找出原因。某些腫瘤前期，大便有乾稀不一的情況，老年人尤其就小心這些腸胃變化。因爲老年人免疫力低，長期便可能造成直腸癌，所以不能掉以輕心。

第六節　尿是健康衰老的反光鏡

尿是人體的垃圾。但一滴尿可發現一個人的健康狀態：你的尿裡有紅血球，說明你的血壓可能已偏高；你的尿裡有粗短桿菌，說明你的尿道受了感染；你的尿裡有雙球菌，說明你得了淋病；你的尿裡有過量蛋白，說明你的腎功能有了問題……

你想從尿裡發現疾病，主要透過醫院化驗，但在化驗之前，你的身體哪裡有毛病，可透過觀察尿的顏色發現問題。一個健康人的尿，正常顏色是無色透明或淡黃色。在無任何客觀原因的情況下，你的尿呈紅色，就可能患有急性腎炎、腎結石、膀胱結石和泌尿器官結核、腫瘤等。如果是女性，就可能患有子宮、卵巢、輸卵管等疾病。

有時，闌尾、直腸、結腸發炎，也可能使尿液出現紅色。當服用含有黃色素的藥物，你的尿液可能呈深黃色或棕黃色，這不要緊，但若沒有服用這類藥，你的尿呈深黃色，這說明你與黃疸肝炎沾上邊了。如果你沒有服用含亞甲蘭成分的藥物，你的尿呈藍綠色，說明泌尿系統被濃桿菌感染。尿呈乳白色，可能患了絲早病。尿呈黑色或褐色，這是在輸血時，你的血型與輸進的血型不合，產生了溶血現象……

腎臟是人體最重要的器官，也是與尿最有關係的器官。腎臟裡有一個複雜的過濾系統，每天可處理二百多升血液，其中有二升多作爲廢物排進膀胱。如果腎臟有了毛病，對身體裡的毒素過濾就少了，排出的尿液就多了，就留住蛋白了。一旦尿液裡出現過量蛋白，說明你患了糖尿病或高血壓，如果不及時治療，發展下去就可能患心臟病或中風。

透過檢查尿液發現腎臟是否健康，是非常必要的。人的腎臟作用很大，例如，當有了腎病，整個身體的血管相應地收縮，血壓就會升高；腎臟還影響大腦和肌肉，干擾凝血能力，導致貧血；體內的磷能使血液中的鈣水準降低，腎臟有了毛病不能再消除磷，骨質就開始疏鬆。這類腎臟疾病透過尿液及早發現，並積極治療可延緩病情進一步惡化。

你要想及早發現腎臟疾病，就必須到醫院做尿液常規檢查，也可買尿液測試紙條在家裡做。把試紙條浸到尿液裡，如果試紙條變色了，說明你的尿液裡有超量蛋白。有超量蛋白，有時劇烈運動也會引起，必須送尿到醫院化驗一下，並在幾週後做同一測試，如果有持續的超量蛋白，說明你的腎臟的確有了疾病。這就要在醫生的指導下，定期到醫院進行治療。

健康Tips

泌尿保健四種湯

1.蓮藕甘蔗汁

材料：蓮藕汁加甘蔗汁（一天分三次喝完）。

功效：清熱消炎、治膀胱炎、尿道炎效果佳。

2.玉米鬚茶飲

材料：玉米鬚一兩、車前子五錢、甘草二錢。

功效：玉米鬚具強效利尿作用。

3.四神湯

材料：四神（薏仁、蓮子、芡實、山藥）、當歸、枸杞、料理米酒、豬小腸、豬小肚。

功效：治殘尿感、尿頻、排尿疼痛。

4.冬瓜蛤蜊豬苓湯

材料：冬瓜、蛤蜊、豬苓、茯苓、澤瀉、排骨、薑絲。

功效：治排尿困難、排尿痛、殘尿感、尿頻。

第七節　癌症患者的健康生活方式

據統計和估計，現在全世界五十二億人口中，每年新發癌症病人約七百萬，每年癌症死亡約五百萬人，約占全世界人口總死亡數的10%。癌症的危害引起了各國政府的高度重視。美國國會幾次討論，通過有關癌症防治法案，美國總統設立了專門的癌症顧問小組；日本首相成立了由幾個部長組成的日本癌症閣僚對策會，下設癌症專家委員會。

其實，癌症的出現可能與人類歷史一樣古老。根據X線技術鑑定的恐龍骨癌化石，癌的歷史可以追溯到遠在人類出現之前的恐龍時代。古埃及的木乃伊證明，在古代人類身上已經有各種惡性骨瘤。我國古老的殷墟甲骨文中，就已經出現了「瘤」的字形。可見，癌的確是一種古老的疾病。只不過隨著工業化社會的到來，癌的危害才日益嚴重起來。以肺癌爲例，一九一二年全世界報導的只有三百七十四例，七十多年後的今天，世界每年新發肺癌患者已達十萬多人。

由於發病率的急劇上升，與人口老齡化、社會經濟發展引起的生活方式與行爲的變化，以及環境污染的日益加重密切相關。

隨著世界工業化和城市化的迅速發展，多數癌症還有繼續上升的趨勢。癌症的危害已成爲我國最爲嚴重的問題之一。

在腫瘤防治研究領域，人類也正在進入一個激動人心的時代。美國提出到二〇〇五年把美國癌症死亡率降低50％。雖然人類與癌症爭鬥的路還很長，但可以預見，隨著人類不懈的努力和現代科學技術的進步，癌症終將被人類制伏。醫學專家呼籲，癌症預防要從生活的每一天開始。

隨著我國城市經濟的發展，市民飲食習慣及膳食結構均發生了很大變化，糧、薯、豆類在食品結構中的比例明顯下降，而動物及油脂類的攝入量則明顯增加，據腫瘤研究所完成的一系列流行病研究表明：過多食用豬、牛、羊肉，能使結腸癌、腎癌的危險性升高；過多動物性脂肪和蛋白質，可致子宮內膜癌和卵巢癌；醃、燻、曬、炸等方法加工處理的食物吃多了，與口咽、食管、胃、胰腺等消化道癌以及鼻腔癌、喉癌的發生有密切關係；而攝入黃麴黴素污染的食物，則與肝癌有關。

癌是由身體細胞自動增殖的異性新生物，這種新生物由一群不隨生理需要而自由發展的癌細胞所組成，癌細胞並無正常細胞的功能。由於它的快速而無規律的生長，不但消耗人體的大量營養，而且破壞了正常器官的組織結構和功能。腫瘤細胞不斷分裂，形成新的腫瘤細胞，並由原發部位向周圍組織浸潤向外播散，這種播散如無法控制，將進一步侵犯要害器官和引起衰竭，最後導致死亡。

癌細胞除了以浸潤惡性生長方式向周圍侵蝕傳播之外，還可以透過其他途徑，擴散到其他臟器發生同樣的腫瘤，這種情況就叫「轉移」。癌轉移的途徑有三種：一是淋巴道轉移，就是癌細胞透過淋巴道管，由淋巴液帶到淋巴結，在淋巴結裡繼續生長繁殖，形成「轉移瘤」，如乳腺癌轉移到腋下淋巴結就是這種情況。二是血液轉移，大多數癌症，到晚期癌細胞侵入血管，透過血液循環進行傳播。三是種植性轉移，內臟器官的癌瘤，當侵犯到最表層時，癌細胞就可以落到鄰近或較遠的器官表層之上，進行生長繁殖。

癌症的發現、診斷、治療要堅持三早、避免三晚：三早指早期發現、早期診斷、早期治療。早期癌瘤生長發展慢，只要發現一些早期異常信號，就要迅速加以治療，把它消滅於「萌芽」階段。早期癌瘤一般有80～90％的治癒率，例如子宮頸癌從原位癌發展到浸潤要經過五～八年，有的甚至長達十二年。在這期間，患者或醫生可根據其異常表現即「報警訊號」，及早發現它並予以早期治療。

反之，如果貽誤了時機，一旦癌細胞迅猛發展起來，大量增殖的癌細胞耗盡肌體僅有的一點營養，餓死擠殺殘存的正常細胞，導致器官功能衰竭，而癌細胞增殖過速導致供血供養不足，癌塊中心則發生壞死，其大塊壞死的組織被肌體吸收後進一步毒害肌體。

此時，身體免疫功能癱瘓，免疫細胞分不清敵我，中樞神經系統指揮混亂，內分泌系統已無從調節各類生理衝突。加之貧血、營養缺乏，致使整個肌體全面衰竭，身體的死亡就難以避免了。因此對癌症的處理，三早三晚雖僅一字之差，卻是生死之別。

健康Tips

菜籃子裡的防癌戰士

黃豆　小小黃豆營養豐富，而它含有的異黃鹼素，更能防止癌細胞侵害鄰近的健康細胞，避免形成腫瘤。它主要打擊乳癌。最方便的黃豆製品要算是豆腐了，至於其他豆類，如黑豆、小紅豆等，都能幫助保持腸胃暢通，排出體內毒素，達到防癌作用。

番茄　紅彤彤的番茄是有名的防癌戰士，其防癌效果已獲認同。它含的茄紅素能夠減低惡性腫瘤產生的機率，對胃癌、肺癌和睪丸癌尤有對抗功效。吃生番茄原汁原味，有助人體吸收大量維生素C，但倘若目標是吸收茄紅素，則熟食效果更佳。因爲生番茄不容易釋出脂溶性的茄紅素，反而經過煮熟的番茄，更容易被人體吸收。

綠茶　茶葉分三類，一種是經過完全發酵的黑茶，如普洱；一種是半發酵的，如烏龍；還有未經發酵的綠茶，如龍井和水仙。茶葉內含有茶多酚，有抗氧化功效，不過這種成分會隨著發酵過程而逐漸消失。因此還是綠茶的防癌功效最好。茶多酚的抗癌作用，在於它能在癌細胞形成初期遏止其分裂，減慢擴散速度。研究發現，每日飲綠茶十杯以上的人，即使患上癌症，病發的平均年齡亦比其他人晚九年，而日本人常飲的綠茶，更具有比維生素E強二十倍的抗氧化效果。

小麥 居於南方的中國人的主要糧食是米飯，但美國研究卻發現，小麥抗癌作用更佳。研究人員檢查了二十種癌症，發現喜歡吃麵包和麥片等小麥成品的人，患癌機會是其他人的三分之一。小麥含大量纖維，對我們的消化系統有好處，能夠排走體內毒素，與市面流行的排毒觀念如出一轍。

蔬菜 多吃蔬菜絕對是健康之選，蔬菜是我們抗癌戰士的重要一員呢！綠色的蔬菜含大量維生素A和維生素C，具抗氧化功效，能夠強化健康細胞，抵禦癌細胞的侵襲。美國調查發現，多吃蔬菜可以減少消化系統及呼吸器官致癌的危險，尤其是化學物質造成的癌症。另外，女性每週吃兩次或兩次以上菠菜，乳癌發病率較低；蘿蔔含木質素化合物，可以提高人體內巨噬細胞的功能，它是吞食細菌和癌細胞的有力武器；洋蔥含微量元素，可增強人體免疫能力；大蒜能殺菌，中國山東等地的人喜歡多吃大蒜，癌症發病率最低。海藻類食物含大量礦物質，如鈣可以把體內的有機物轉化成無毒的物質，達到淨化血液的功能。

第四章

亞健康

第一節　亞健康狀態者的現狀

世界衛生組織（WHO）認爲，亞健康狀態是健康與疾病之間的臨界狀態。如果把健康和疾病看作是生命狀態的兩端的話，就像一個兩頭尖的橄欖，中間凸出的一大塊，正是處於健康與有疾病兩者之間的過度狀態——亞健康，用以與健康的「第一狀態」和患病的「第二狀態」相區別。這是一類次等健康狀態，一種介乎健康與疾病之間的狀態，故又有「次健康」、「第三狀態」、「中間狀態」、「游離（移）狀態」、「灰色狀態」等的稱謂。世界衛生組織的一項全球調查結果顯示，全世界眞正健康者僅5%，找醫生診治疾病者約占20%，剩下的75%就屬於「亞健康」者。

亞健康，是世界醫學界的一個最新概念。近百年來，由於抗生素及疫菌的發現與應用，嚴重威脅人類健康的疾病已不再是令人恐怖的霍亂、鼠疫等傳染性疾病，而是找不到病原體的非感染性疾病，如心腦血管病、腫瘤等。

亞健康也不像感染性疾病那樣突然發病，而是進展隱匿、緩慢並時隱時現，前期僅感到身體或精神上的不適，如疲乏、情緒不寧、頭痛頭暈、失眠等。其後可能發展爲某種疾病，但也可能僅有種種不適而不發病。這種狀態，既不屬於健康，又難以發現疾病，處於健康與疾病之間的狀態，即「似健非健、似病非病」的狀態。

亞健康狀態威脅現代人的生活。據調查顯示：中國城市居民中，處於亞健康狀況的人群逐年增多，且有大面積威脅中青年人的趨勢。根據對一萬三千人的調查，十八～四十歲的人隨著年齡拉長，身心輕度失調呈緩慢上升趨勢；而到了四十歲以上，潛臨床狀態的比例陡然攀高；五十五歲左右進入前臨床狀態的增多；六十五歲以上的人，即使沒有明顯的病變狀態存在，大多數身處人體「第三狀態」的人，到醫院檢查，其體溫、脈搏、呼吸、血壓以及血、尿、糞化驗等各項指標基本正常，醫生幾乎診斷不出有何疾病。但不少人確實存在心理或生理方面種種不適感，表現爲精神不爽、體力不支、食欲不振、睡眠不酣、頭暈、健忘、口臭、便祕、心煩、易怒、皮膚乾燥、性功能減退、疲倦等。然而，生活、學習、工作仍能如常堅持下去，只是效率不高而已。

當然，身處人體「第三狀態」的人，不像健康人那樣精力充沛、容光煥發，有較大的工作潛力和創造力，對環境變化有較良好的適應能力；但也不像病人那樣面容憔悴、萎靡不振、無力從事工作、學習和勞動，甚至臥床不起，生活無法自理，症狀突出，體徵變化明顯。

此外，衰老——尤其是過早衰老——所致的機體及心理上的退行性改變而引起的種種不適感覺，也是亞健康狀態的典型內容之一。

亞健康狀態包括的範疇很廣，可以說，凡處於健康與疾病的臨界狀態，經長期觀察而能發現疾病者，均在此列內。

近年來，在對亞健康進行深入研究的基礎上，有關醫學專家將這一狀態的主要表現歸納爲以下三十種：

精神緊張，焦慮不安；孤獨自卑，憂慮苦悶；注意力分散，思考膚淺；容易激動，無事自煩；記憶力減退，熟人忘名；興趣變淡，欲望驟減；懶於交往，情緒低落；感覺乏力，眼易疲倦；精力下降，動作遲緩；頭昏腦脹，不易復原；久站頭暈，眼花目眩；肢體酥軟，力不從心；體重減輕，體虛力弱；不易入眠，多夢易醒；晨不願起，晝常打盹；局部麻木，手腳易冷；掌腋多汗，舌燥口乾；自感低燒，夜有盜汗；腰酸背痛，此起彼伏；舌生白苔，口臭易生；口舌潰瘍，反覆發生；味覺不靈，食欲不振；發酸噯氣，消化不良；便稀便祕，腹部飽脹；易患感冒，唇起皰疹；鼻塞流涕，咽喉疼痛；憋氣氣急，呼吸緊迫；胸痛胸悶，心區壓感；心悸心慌，心律不齊；耳鳴耳聾，易暈車船。

在以上三十種不同臨床表現中，排除疾病之後，一般認爲，只要有其中六種，就可初步認定爲亞健康狀態。

健康Tips

幫你走出「亞健康」

均衡營養　合理膳食　理想的食譜首先要保證營養均衡，像糖、蛋白質、脂類、礦物質、維生素等必須的營養物質，在每天的膳食中一樣也不能少。都市中有兩種不良營養傾向，一是營養和熱量過剩，另一種傾向是爲了節食，導致某些營養素和熱量的不足。這兩種傾向都足以引起「灰色狀態」。

每一個健康的成年人每天需要一千五百卡路里的能量，工作量大者則需要二千卡路里的熱量，不斷補充營養是保持精力充沛的前提。此外還應注意：脂肪類食物不可多食亦不可不食，因爲某些脂類是大腦運轉所必需的。缺乏脂類將影響思維，但是若食用過多，短期內會產生昏昏欲睡的感覺，長期則在體內堆積，形成脂肪。

維生素作用大 從事文字工作或經常操作電腦者，容易眼肌疲勞、視力下降，維生素A對於預防視力減弱有一定效果，所以要多吃魚肉、豬肝、韭菜、鰻魚等富含維生素A的食物；經常待在辦公室裡的人日曬機會少，容易缺乏維生素D，需多吃海魚、雞肝等富含維生素D的食物；當人承受巨大的心理壓力時，所消耗的維生素C將顯著增加，而維生素C是人體不可或缺的營養物質，應盡可能多吃新鮮蔬菜、水果等富含維生素C的食物。

補鈣可安神 工作中與同事、客戶難免會出現一些矛盾，為了避免發怒、爭吵，可以有意識地多吃牛奶、酸奶、乳酪等乳製品以及魚乾、骨頭湯等，這些食品中含有豐富的鈣質。國外研究資料表明，鈣具有鎮靜、防止攻擊性和破壞性行為發生的作用。

應酬過後多調理 現代人少不了應酬，飯店的食品雖然美味誘人，但往往脂肪和碳水化合物過高，而維生素和礦物質含量不足，常在外就餐者平時應多食用蔬菜、水果、豆製品、海帶、紫菜等食品。

鹼性食物抗疲勞　大量的體力勞動後，人體內新陳代謝的產物乳酸、丙酮蓄積過多，造成人體體液偏酸性，讓人有疲勞感。爲了維持體液的酸鹼平衡，可多食用以水果爲主的鹼性食物，如西瓜、桃、李子、杏、荔枝、哈密瓜、櫻桃、草莓等。

讓「心」放鬆　美國卡內基學會的調查顯示，心理建康是所有精力充沛、事業有成者的標誌，人生活在社會上，難免有這樣那樣的痛苦和煩惱，要想應付各種挑戰，重要的是透過心理調節維持心理平衡。

曬太陽提神　日光照射可以改變大腦中某些訊號物質的含量，使人情緒高漲，願意從事富有挑戰的活動。在上午光照半小時，對經常萎靡、有抑鬱傾向效果尤爲明顯。

瞭解生理週期　每個人的心理狀態和精力充沛程度在一天中不斷變化，有高峰也有低谷。大多數人在午後達到精力的高峰，但也不乏個人差異。你不妨連續記錄自己一天的心理狀態、覺醒程度、反應速度和進行的活動，找出自己的精力變化曲線，然後合理安排每日的話動。

求助心理醫生　由心理醫生進行正規的預測，不僅是一種直接的治療，而且能增加心裡承受能力和心理調節能力，儘快恢復心理平衡和心理健康。

健身怡神　張弛有度　持續、高強度、快節奏的生活，難免令人難以承受，疲勞、頭痛、失眠等不適接踵而至。這些訊號提醒你的機體已經超負荷運轉，該進行調整與休息了。

靜坐放鬆　每天抽出一段時間靜坐，完全放鬆全身的肌肉，去掉腦中的一切雜念，將意念集中於丹田穴，可以調整全身的臟器活動。

讓大自然幫助你　遠離喧囂的都市，森林的氣中負離子濃度較高，不僅能調節神經系統，而且可以促進胃腸消化、加深肺部的呼吸，在體力、腦力、心理等各方面，起到良好的調節作用。辦公室內長時間坐著工作的人，應該每隔一小時活動一下。可以作簡單的保健操，也可以隨便活動活動筋骨。雖然用時不多，卻可有效防止由「靜坐」生活方式導致的慢性疾病。

午後打盹事半功倍　現在國外一些公司規定職員必須午睡，以保證工作效率，午睡時間宜在半小時左右，關鍵是質量。睡時最好能平躺在床上或沙發上，將身體伸展開來。不要趴在桌上睡，這種體位容易使空氣受限，頸項和腰部的肌肉緊張，醒後很不舒服，易發生慢性頸肩病。

第二節　亞健康是如何形成的

亞健康的形成，主要受心理、社會、環境、營養、勞動、生活方式與行爲、氣象生物、服務等諸多方面的影響。每個因素都有特定的內容又相互關聯。比如嗜菸、酒成癖，菸鹼、酒精緩慢損害機體；勞逸失度，娛樂過度，緊張，睡眠不足，引起機體代謝紊亂；飲食無節制，營養不合理，吸收失控，體液酸鹼度失衡，給健康造成潛在危害；環境遭受污染，人體受到細菌、病毒、寄生蟲及化學物質的感染；長期患慢性病不癒等，均可導致產生亞健康的一些具體體徵，如神態疲倦、體力不支、心煩意亂、鬱鬱寡歡、易受刺激、食欲不振、消化不良、便祕、頭暈目眩、失眠健忘等。

「亞健康」涉及的內容非常廣泛，各種症狀都有可能出現，但最明顯的有七個方面：

(1)心血管症狀：經常感到心慌、氣短、胸悶、憋氣。

(2)消化系統症狀：見到飯菜沒有胃口，有時感覺餓了，但不想吃飯。

(3)骨關節症狀：經常感到腰酸背疼，或者渾身不舒服。

(4)神經系統症狀：經常頭疼，記憶力差，全身無力，特別容易疲勞。

(5)精神心理症狀：莫名其妙地出現心煩意亂，遇小事易生氣，易緊張和恐懼。

(6)睡眠症狀：入睡比較困難，凌晨容易早醒，夜間常做噩夢。

(7)泌尿生殖系統症狀：性功能低下或性要求突然減少，尿頻、尿急。

「亞健康」的基本特徵是身體無明顯疾病，但體力降低，適應能力減退，精神狀態欠佳。

以上情況可以間斷或持續地出現，又可明顯消失，恢復健康狀態。

現代社會競爭日趨激烈，工作壓力加大，如果自身不能透過良好的習慣或適當的放鬆，建立一個有效恢復的機制，則人體的主要器官在長期的非常負荷下，會出現效率低下、功能減退及暫時功能障礙等。這是最常見的導致亞健康的病因。

人體的自然老化，表現出體力不足、精力不支等。不良生活習慣或處於不良環境，誘發某些疾病的前期症狀。如心腦血管疾病和癌症等，很多都是由於長期不良生活習慣或處於不良生活環境誘發的。在發病的前期，病灶就會引發一些全身性的功能失常或障礙，體檢卻很難準確檢查出病因。這是眞正需要引起重視的亞健康。

人體生物週期中正常的低潮時期。如女性在月經期的煩躁、不安、易激動等。

造成亞健康的原因多種多樣，專家認爲，過度疲勞是首要的因素，因爲它使身體的主要器官，長期處於入不敷出的非正常狀態；其次是人體的自然老化；還有是重大疾病的前期、發病前，人體在相當長的時間內，沒有出現器質性病變，但在功能上已經發生了障礙；另外則是人體的生物週期處於低潮時，即使是健康人，也會在一個特定的時期內處於亞健康狀態。而過大的精神壓力則是產生亞健康的一個主要誘因。

健康Tips

正確對待疲勞

生理性疲勞　人們由於學習和工作繁忙或體育鍛鍊較多，血液中因累積大量的二氧化碳和乳酸而產生疲勞。經過及時和適當的休息調養，增補飲食營養，即可恢復。

心理性疲勞　因某些環境因素導致人們發生焦慮和悲觀，終日憂心忡忡而不能發洩排解，日久天長則形成心理性疲勞。應將心事向親友盡情傾訴，達到心情舒暢，然後做到飲食起居規律，輔以體育鍛鍊，則可康復。

病理性疲勞　上述兩種疲勞是可以透過人體自動調節機制加以控制恢復的，而有些疲勞則屬於重大疾病發生的前兆訊號，它提示肝炎、結核病、高血壓、動脈硬化、貧血、癌症等即將或已經到來。

季節性疲勞　常言道：「春困、秋乏、夏打盹」。爲什麼只有冬季人會感到頭腦清醒、精神振奮、不覺疲勞？這是人類機體對自然環境的生理的心理正常反應。冬季天氣嚴寒，人體表面血管收縮，血液則大量流入大腦，於是得到充足的氧和營養供應，腦細胞機能活躍，則不產生疲勞感。而春、夏、秋三季，由於氣溫上升，人體表面血管擴張，加以戶外活動增多，大腦供血相對減少，因導致腦細胞興奮度降低而感疲勞。故人們應在溫熱季節保持生活有節，弛張有度，儘量防止疲勞發生。

第三節　如何預防亞健康

人體處於亞健康狀態下可造成許多不良影響，如生活質量下降；心悸、失眠、精神不振、食欲不佳、難以適應正常的工作；情緒煩躁、心理壓抑、人際關係惡化、疲勞困乏、頸肩腰痛酸痛；對一切事物失去興趣；免疫力越來越低，各種疾病容易乘虛而入。

專家指出，現代人的精神壓力太大，會使情緒日益惡化。長期的不良情緒會導致心理失衡、內分泌紊亂，是造成亞健康的主要根源。想要走出亞健康狀態，可從以下幾方面努力：

⑴**積極調節控制情緒**。情緒就掌握在你自己手裡，消愁還需自解鈴。因此遇有愁事、氣事，不妨先把它冷卻一下再處理，不要發怒動氣，要「心往寬處想，眼往遠處看」，主動尋求愉快，就能保持心情舒暢。可欣賞優美的音樂和舞蹈，來消除疲勞、調控情緒。

對生活充滿信心，對事業有奮鬥目標，做到經常關心別人，這對保持健康來說，就像糧食、空氣、水和體力一樣重要。法國著名作家雨果說過：「生活，就是理解；生活，就是面對現實微笑，就是越過障礙，注視將來……」儘量理解別人，爭取別人理解你，也是保證身心健康的重要內容。

愁眉苦臉、焦慮心煩是百病叢生的前奏。古往今來，健康長壽的人多半是樂觀的人。對事業、對工作、對自己的健康都要充滿信心，信心可以增強人的力量。國外流行一條箴言：「正確的觀點、正確的願望、正確的語言、正確的行動、正確的生活、正確的努力、正確的用腦、正確的凝神——兄弟們，這就是優雅的『八正』法，這就是消除痛苦的崇高眞理。」

(2)**注意勞逸結合**。患亞健康的人多數是腦力勞動者，尤其是城市裡的白領階層，因成天坐在辦公室裡，缺乏活動、缺乏鍛鍊，因此，多做戶外活動可緩解緊張，及時鬆弛身心。

身心發生緊張的情況，在現代人群中越來越多。緊張會導致神經系統及心血管系統產生明顯反應，影響消化功能與大腦機能，影響內分泌和免疫力等，有損身心而引起疾病。自身應付身心緊張的最好辦法是進行體育運動。因爲體育運動能增強神經系統，增加全身器官血液供應，強壯身體各組織器官功能。只要參加適當的體育運動之後，你就能體會到身心的緊張頓時會鬆馳下來。

專家們認爲，鬆馳身心緊張的體育項目，最好是跑步、游泳、跳繩和騎自行車等單人單項和集體運動。交替運動效果非常明顯。如：體、腦運動交替，上下身體運動交替，左、右腦交替運動等等。運動可以強身健體、健腦強心，及時鬆弛綳緊的神經，減少心理壓力，保持穩定情緒和心理平衡，使人擺脫煩悶與苦惱，心情暢快樂觀。

(3)**注重營養均衡**。缺乏營養會使人衰老憔悴，導致多種疾病發生，如營養不良性水腫、貧血、壞血病等。營養過剩也會造成不良後果，引起肥胖、糖尿病、心血管病等。現代人工作緊張，更需要均衡的營養，因此，每個人要根據自身的情況，制定科學合理的食譜。

(4)**保持充足睡眠**。現代人的睡眠普遍不足，而只有充足的睡眠和休息，才會使大腦及機體處於恢復狀態，疲勞得以消除，獲得充沛的精力和體力。因此，每個人都要學會爲自己積極儲蓄體力和精力，保證充足的睡眠和休息，即使閉目養神片刻，也有助於疲勞的消除。

(5)**儘量接近大自然**。親近大自然是緩解亞健康症狀的絕妙措施。到森林中去欣賞飛瀑流泉，到海濱去欣賞海浪沙灘，會使人心曠神怡，豁達開朗。良性的心理又會影響人的生理機能，使人體的生命節律與自然相和諧，無形中就提高了生命的活力。同時，沐浴陽光和新鮮空氣，還使身體獲得健康充電。

健康Tips

八個「不急於」利健康

1. **不急於吸菸**：飯後吸菸的危害比平時大十倍。這是由於進食後消化道血液循環量增多，致使菸中有害成分大量被吸收而損害肺、肝及心血管等。

2. **不急於喝茶**：茶中的大量鞣酸可與食物中的鐵、鋅等結合成難以溶解的物質無法吸收，致使食物中的鐵質白白流失。如將喝茶安排在餐後一小時，就無此弊端了。

3. **不急於洗澡**：飯後洗澡，體表血流量會增加，胃腸的血流量相應減少，會使消化道的功能減弱。

4. **不急於上床**：俗話說：「飯後躺一躺，不長半斤長四兩。」飯後立即上床容易發胖。醫學專家告誡人們，飯後至少要活動二十分鐘後再上床睡覺。哪怕是午睡時間也應如此。

5.**不急於散步**：飯後「百步走」會因運動量增加而影響消化道對營養物質的消化吸收。特別是老年人有心功能減退、血管硬化及血壓反射調節功能障礙者，餐後易出現血壓下降現象，因此，用餐後半小時後再散步較好。

6.**不急於開車**：因爲人在飯後，胃腸對食物的消化需要大量的血液，易造成大腦暫時性的缺血，導致開車時操作失誤。

7.**不急於吃水果**：飯後馬上食用水果被奉爲「金科玉律」，而實際上食物進入胃裡，需長達一至二小時的消化過程，才被慢慢排入小腸，餐後即食水果，食物被阻滯胃中，長期如此可導致消化功能紊亂。

8.**不急於鬆褲帶**：飯後放鬆褲帶，會使腹腔內壓下降，對消化道的支持作用減弱，而消化器官的活動度和韌帶的負荷量就要增加，易引起胃下垂，出現上腹部不適等消化系統疾病。

第四節　為什麼猝死成為中青年人的健康殺手

如果你是上班一族，整日勞勞碌碌，並且可能經常超時加班，回家後感到渾身疲勞就蒙頭大睡，一覺醒來，又是一天的衝刺，那麼你可能被「慢性疲勞症」纏上也懵然不知，還是不斷地爲生活拼搏，因爲你認爲自己還可以撐得下去。發現自己疲勞不堪的時候，以爲睡覺就可以恢復精力，這種想法必須加以糾正，尤其是長久休息後，疲勞症狀仍揮之不去的時候。慢性疲勞綜合症最可怕的後果便是引發猝死。許多不自知、隱藏有心血管疾病的人，若疲勞過度，極有可能導致猝死。

現在，心肌梗塞不再是老年人的專利，各大醫院接受因心肌梗塞猝死的患者越來越年輕。以往因心肌梗塞猝死的患者多是六、七十歲的老年人，如今卻以三、四十歲的中年人居多，最年輕的患者只有二十多歲。醫生分析認爲，導致心肌梗塞猝死的原因主要是吸菸、飲酒、生活沒有規律、精神緊張、勞累這些因素，造成血脂高、血液流通不暢、心肌大面積壞死等。其中，中青年人工作壓力大，疲勞恐怕是罪魁禍首。

醫學專家認為，過度的工作負擔、長期的疲勞狀態，都會誘發、導致高血壓等基礎疾病惡化，進而導致腦血管或心血管疾病的急性發作。特別是有些人已經存在了心腦血管病變，但是由於沒有症狀，自己並不知道疾病已經潛伏。這種情況下再瘋狂工作，讓身體處於極度疲勞之中，無異於是自己扣響了死亡的扳機。

以中醫觀點而言，所謂的「虛勞」，即是「虛損」，是一種漸進性疾病，也是多種慢性虛症發展到嚴重階段的總稱。虛勞因素除了先天體制不足之外，「後天失調」則因為勞碌不當，飲食失調、情緒刺激、病後體虛等因素，以至身體「正氣」虛耗，終於積虛成勞。過勞可能造成肝與腎功能障礙。肝腎都具有解毒、排毒的作用，尤其是腎臟一向有「命門」之稱，元氣之火源於那裡，如果長期壓力、疲憊，導致腎臟負荷不了，容易形成腎衰竭的病症，如果再加上熬夜、身體不適、體力不濟等原因，如同火上澆油，造成急性腎衰竭。

醫生總結的說，猝死主要「青睞」三種人：一是有錢人，特別是其中只知消費健康又不知保養的人。二是有事業心的人，特別是稱得上「工作狂」的人，一天二十四小時恨不得工作二十個小時，認爲休息是浪費時間。三是有遺傳早亡血統又自以爲健康的人。第二種人在猝死人群中所占比例最大。

知識分子更要注意健康。在一九八二年，當科技界兩位中年專家——蔣築英四十三歲和羅健夫四十七歲——因積勞成疾、溘然長逝時，曾在知識界和全國人民中間引起強烈的震撼和反思。近些年又相繼有部分中年科學家、工程師、作家、藝術家、教授和醫師相繼病故，他們大都在四十到五十多歲——張廣厚四十九歲，施光南四十九歲，路遙才四十二歲。處於生命和才能的金秋季節，正是事業上有所建樹和貢獻的時候，使多年奮鬥累積的智慧和才華毀於一旦。「出師未捷身先死，長使英雄淚滿襟」，英才早殞對個人、對家庭、對單位、對社會都是不可彌補的損失。

英才早殞原因之一是才能與身體、創造與健康之間矛盾的激化。

據調查統計，英才早殞者多在五十～六十歲這個年齡段，而峰值則在五十五歲左右。因爲這個年齡段正值身體與才能、健康與創造之間的矛盾最尖銳，易激化的時期。

青年時期的才能發展與人的機體發育大體協調一致，經過辛勤耕耘，才力日增。人到中年則開花、結果，進入收穫季節。可是五十歲以後，人的身體與才能和創造的不協調、不適應日漸顯露和發展。這是因爲人在此時以臨近「由壯而老」的過度期和轉折期。機體的新陳代謝功能明顯減弱，機體的各部「零件」經過幾十年的運轉、使用磨損，已開始向衰退和老化發展，新陳代謝遲緩，部分「部件」因老化或過度疲勞極易出現故障，防病、抗病能力和免疫機制在逐年下降。

現代醫學認爲，人到五十～六十歲這個年齡段出現比較大的變化，稱之爲更年期，會出現諸多症狀，如情緒易激動、心情易煩躁、精神易憂鬱，甚至會出現「更年期綜合症」，這就是身體走下坡路的開始，不再像以前那樣富有韌性和活力，再也經不起摔打和過勞，或馬不停蹄地連續作戰和廢寢忘食地拼搏。

可是，這個年齡段的人的才能卻仍具有較大的優勢，仍屬於興盛期，由於知識的增多和經驗的豐富，理解力和判斷力比以前更強，仍有較高的創造效率和工作能力，逐步進入成熟、結果的收穫季節，科學家把這個時期稱爲「第二黃金時代」。這意味著要進行持久的創造性勞動，需要最大限度的投入，是一種迷戀、一種獻身，是時間、精力和心血的最大付出，因此不可避免的出現生活不能按規律，作息不能按時間，就是機體遭受額外「侵害」，容易發生病變，甚至導致整個機體出現危機。

英才早殞原因之二是「寧肯犧牲健康也不放棄創造」。人到五十～六十歲這個年齡段最容易犯的一個「毛病」，就是要使自己的才能得到充分發揮，達到更高的創造目標，在這種極其強烈的創造欲望的驅使下，經常逼迫自己衰老的機體超負荷運轉。對有才能的人來說，對創造和攀登的渴望，往往遠勝過對眼前健康和生活幸福的追求。寧肯犧牲健康和生命也絕不放棄創造，甘心成爲創造的殉道者。

人們的意識常常落後於存在，在身體逐漸衰老的問題上更是如此，常以「老當益壯」的古訓自勵。「壯心未與年俱老，死去無能作鬼雄」，雄心勃發、壯志凌雲，硬是不承認自己老之將至，這是有才能的人的普遍心態。由於保健意識知識的淡薄或缺乏，則對機體承載能力估計過高，對健康狀況過於樂觀和自信，對休息、運動、娛樂、營養、保健、體檢等措施一概置之度外。這就不難解釋，越是有才能的人，越容易在人生的金秋季節突然病倒、溘然長逝的道理。

在痛惜、感嘆之餘，最爲重要的是該認眞思考一下英才早殞的因果關係，引出沉痛的經驗和教訓。人們普遍認爲，英才早殞是這一代知識分子活得太苦太累，他們工資低，工作繁忙，家庭負擔重，長期超負荷運轉，積勞成疾，又缺乏醫療條件，形成惡性循環。

健康Tips

脂肪肝自療十八法

1. 絕對禁酒。
2. 選用去脂牛奶或酸奶。
3. 每天吃的雞蛋黃不超過二個。
4. 忌用動物油；植物油的總量每天也不超過二十克。
5. 不吃動物內臟（即下水）、雞皮、肥肉及魚籽、蟹黃。

6. 忌食煎炸食品。

7. 不吃巧克力。

8. 常吃少油的豆製品和麵筋。

9. 每天食用新鮮綠色蔬菜五百克。

10. 吃水果後，要減少主食的食量，日吃一個大蘋果，就應該減少主食五十克。

11. 山藥、白薯、芋頭、馬鈴薯等，要與主食米、麵粉調換吃，總量應限制。

12. 每天攝入的鹽量以五~六克爲限。

13. 蔥、蒜、薑、辣椒這「四辣」可吃，但不宜多食。

14. 經常吃魚、蝦等海產品。

15. 降脂的食品有：燕麥、小米等粗糧，黑芝麻、黑木耳、海帶、髮菜以及菜花等綠色新鮮蔬菜。

16. 晚飯應少吃，臨睡前切忌加餐。

17. 每天用山楂三十克、草決明子十五克，加水一千毫升代茶飲。

18.如果脂肪肝引起肝功能異常，或者轉氨酶升高時，應在醫生指導下服用降脂藥、降酶藥物和魚油類保健品，但不宜過多服用。

第五章

心理健康

第一節　心理因素影響人的健康

德國的羅奈爾教授於一九七一年至二〇〇一年間，分別對三萬五千名健康人和一萬八千名癌症和心臟病患者的心理狀態和社會狀態進行了調查，收集了這些人生理健康的資料以及自我感覺、童年心理創傷、精神壓力和社會交流等方面的情況。結果發現，在這些病例中，只有30％的病例發病原因是純粹的生理原因，其他的病例都與心理因素有關。

對於情緒這類精神因素與疾病之間的關係，科學家們曾用動物進行過深入的研究。英國《泰晤士報》曾報導說，研究發現，生性安靜和神經質的兩種老鼠，儘管在其他方面沒有什麼差別，但牠們卻傾向於患不同的疾病。前者易患風濕性關節炎、過敏性皮膚病、哮喘及鼠類的多發性硬化症；後者患傷風和流感的可能性則要大得多。

美國的研究人員說，這種差別來自於老鼠對精神壓力的反應，以及這些反應對牠的免疫系統的影響。生性安靜的老鼠分泌的壓力激素過少，免疫反應保持亢進的狀態，在風濕性關節炎、多發性硬化症之類的自體免疫性疾病中，這種情況甚至可能破壞免疫反應，從而使肌體受到損害。而神經質的老鼠遇到的問題正好相反，牠們分泌過多的壓力激素，使肌體的免疫反應大大減弱，從而容易受到常見傳染病的侵襲。科學家們認爲，這一發現很好地解釋了情緒與疾病有著千絲萬縷的聯繫。

聯合國衛生組織的調查曾指出，當今人類的疾病，有70％以上是不良精神因素造成的。在一切對人不利的影響中，最能使人短命夭亡的，莫過於憂慮、頹喪、恐懼、貪婪、嫉妒、憎恨等壞心情。即使像被人們視爲絕症的癌症，其產生和治療也與情緒密切相關。研究表明，在壓力很大或情緒急劇轉變的情況下，會刺激一種叫「可的松」的激素分泌，這種激素會抑制人體的免疫能力。免疫能力一旦降低，癌細胞就容易產生。堅定的信念、樂觀的生活態度以及避免情緒過度起伏，是現代人應有的防癌治癌之道。

發表在美國心臟病學會《動脈硬化、血栓形成和血管生物學》月刊的一篇研究報告證實，與較樂觀的人相比，精神絕望和心事重重的人易患動脈粥樣硬化。這項研究結果顯示，在精神最沮喪的一組中，動脈粥樣硬化的程度竟然加重了20％；在患有動脈粥樣硬化早期症狀的長期精神絕望的人當中，動脈粥樣硬化程度加重特別明顯。埃弗森指出，情緒消沉、焦慮及其他心理緊張因素都可能干擾人體的神經系統，從而影響應激素的生成。

醫學研究發現，人的精神活動能刺激產生對健康有重大影響的化學物質，如透過大笑，則能刺激內分泌系統產生有益的激素、酶和乙醯膽鹼，從而促進血液循環、活躍神經細胞、增強抗病能力，又能提高大腦嗎啡水準，緩解內心痛苦。德國科學家認爲，每笑一分鐘，就等於額外服用了一定劑量的維生素C。專家們認爲，當今醫學的重要任務之一，就在於有效地調控大腦意識，以使它產生有益健康的化學物質，使人體功能處於最佳狀態。

調整心理狀態，可以有以下的方法：

(1)調整心態，難就難在如何長期地保持。有一種「修心養性生活化，生活有序化」的方法，每當早晨醒來，就應進入笑咪咪的佳境，像兒童時期迎接春節那樣開始新的一天，帶著愉悅的情緒，進入工作、學習、生活，處於常樂狀態，形態上面帶笑容，心態上安詳寧靜，面傳心意，口傳心聲，遇到暫時不愉快的事，也要加上意識，臉上放鬆，經常想到大自然，笑口常開，慢慢習慣變成自然，要堅持給別人好臉看，給別人好話聽，給人以樂，即同樂共樂，回饋回來更強化自樂。空閒時或晚上睡眠時想一想有否達到常樂，是否以善求樂，一想了之，放下心來，進入良好夢鄉。不妨經常想想自己是幸福者，自己與自然、與社會、與人際關係都比較和諧圓融，身處盛世，非常難得。不足之處慢慢改進，總能實現。

⑵樹立起安度天年的觀念，即人是可以活到自然壽命的，應該達到「度百歲而動作不衰」的目標，這是上古之人已經達到過的。歷史上老子一百六十歲時，著作《道德經》。近代四川老中醫李慶遠活二百五十六歲（一六七九～一九三五年）。世界長壽名人珍妮．卡爾門特活一百二十二歲零一百六十四天（一八七五～一九九七年）。觀念的改變十分重要，觀念的本質是意識，意識可以轉化為能量資訊。舊觀念是「人生七十古來稀」，新的觀念則是「人生七十小弟生」。聯合國於一九九八年十月公布最新人口統計時，首次列出八十～八九、九十～九九和百歲以上三個檔次的世界性目標，新意識要促成「康壽百歲、心想事成」是有道理的。

⑶經常保持這種最佳心態，是增強免疫功能的最好方法，在這種心態下，自然界的「先天眞氣」就會源源不斷地充實自己，眞氣可以促進自身造眞藥，

即分泌腦內嗎啡，眞藥可以治自身疾病，這就是修心養性後疾病可以不藥自癒的基本道理。有了健康則心態就更加愉悅，如此良性循環，康壽百歲就有了堅實的基礎。

(4)自然樂康長壽法中，心理常樂是關鍵、是基礎，其他養生方法當然也可以採用，如健身法，適當運動和調身，經常保持經絡暢通、關節活利也十分重要，因爲經絡是處百病決生死的，動作不衰靠經常活動。再如飲食養生法，避免暴飲暴食，經常保持清茶淡飯，飯吃八分飽。再如調整呼吸法，變胸式呼吸爲腹式呼吸，達到呼吸勻細長足，濁氣排得出，氧氣進得來，經常保持氣足、神旺、精盈狀態。

(5)有人會問，要時時處處保持愉悅樂觀的情緒，能做得到嗎？人的喜、怒、憂、思、悲、恐、驚是受內外環境影響的，如遇悲痛事件，怎能愉悅。不錯，人的七情是受外界影響的，但對同一件事不同的人有不同的態度，一個修養有素的人與一個常人是有區別的。修心就是修出正心、公心、善心、寬容心。以此心態，對人處事就容易諒解圓融。人進入老齡後，精神內守的客觀條件已經具備，許多事不妨糊塗一點、超脫一點，經歷過人世間許多悲歡離合之後，較能平靜對待，泰然處之。因而保持常樂、自控七情是完全可能的。

健康Tips

泰戈爾的養生之道

泰戈爾是印度近代著名的文學家和社會活動家，被譽稱爲印度的「詩聖」，享年八十歲。泰戈爾善於把養生與養性有機地結合起來，爲後人留下了保健強身的寶貴經驗。

1.排遣法：醫學心理學家認爲，悲哀也是一種能量，會造成精神的崩潰。長久的悲哀會對人體的免疫功能起摧毀的作用，易發生潰瘍病、冠心病，甚至是癌症。泰戈爾排遣悲哀的重要方法是寫詩，用詩寄託哀思，消除這種破壞能量。

2.轉移法：泰戈爾說：「人們爲了從痛苦中解脫出來，像被黑暗圍困的幼苗，總是拼命地想撕破黑幕，投身到光明中去。」因此，他很善於在遭到親人亡故的悲痛之中，向寬慰與歡樂中轉移，消除了痛苦的可怕折磨，而使心靈充滿快樂的陽光。

3.超脫法：泰戈爾是這樣地對待生活中的痛苦與歡樂的，他指出：「生命的悲劇猛烈地震撼著我們的感情，但生命從整體上看到是極其樂觀的。悲劇只是生命的歡樂賴以表現自己韻律的一部分。」詩人由於對什麼都看得開，因此，能夠擺脫生活壓在他心頭的重荷，在猝然來臨的打擊面前泰然自若。

第二節　心理健康的標誌

人的健康包括身體健康和心理健康兩個方面。聯合國衛生組織對健康下的定義是：健康不但是指沒有身體疾患，而且要有完整的生理、心理狀態和社會適應能力。然而心理健康無論是在健康人、病人中或者在醫務人員中，都被忽視了。這長期以來對提高人的健康水準與提高醫療效果產生了消極的影響。

例如，在現實生活中，人們往往重視營養，而忽視飲食時的心理因素作用；人們注意身體的鍛鍊，而不重視心理的鍛鍊；甚至不知道什麼是心理健康以及如何鍛鍊。在臨床實踐中，有些醫務人員在病因上，重視病毒、感染等因素，而忽視心理因素的作用；在診斷上，重視物理診斷而忽視心理診斷；在治療上，重視藥物治療而忽視心理治療。其實，身體健康與心理健康是同等重要的，二者是相互聯繫相互制約的。

心理健康是一種良好的心理狀態，處於這種狀態，人們不僅有安全感，自我感覺良好，而且與社會契合和諧，對現實有敏銳的洞察力，並能與環境融洽相處；能夠正確對待自己、他人和客觀世界，具有良好的人際關係，認識自己存在的價值。

越來越多的人開始關注健身運動，無論清晨還是傍晚，林蔭樹下、公園裡、河邊上，練拳的、打羽毛球的、做健身操的……一幅幅健身畫面。有一種傾向值得注意，就是只注重健身，而忽視了健心。顯然，這種做法有失偏頗。「心」者，人之精神也。一項調查顯示：精神不健康比身體不健康更可怕。爲什麼有些人到古稀之年，卻依然身體硬朗，是他們的精神健康使然。有些人很不注意健「心」，生活中稍有不如意便生悶氣，整天氣鼓鼓的，如此心境，十之八九要出問題。

健身須健心。眼下隨著社會的發展，各種各樣的矛盾交錯產生，社會的、家庭的、鄰里之間的，都會讓人產生各種不愉快。對待不如意，最好的辦法就是心胸豁達一點，不爲雞毛蒜皮的小事所累。

健身與健心有內在的必然聯繫，健心是健身的前提，一個人只要始終保持良好的精神狀態，對生活充滿信心，就會活得充實有味，還能抵擋各種疾病。大千世界，芸芸眾生，生活中不如意的事情時有發生，面對這些不如意如何看待，卻是因人而異。健康的體魄固然重要，精神的健康同樣不可或缺，爲了自己的健康，又何必在乎那些不如意的「小不點兒」呢？請記住：一個心理健康的人，永遠都會顯得年輕。

做好心理保健，能使人有積極有效的心理活動、平穩而正常的心理狀態，能很好地適應發展的社會和自然環境。簡單地說，這一段心理健康有六項指標：

(1)社會交往能力。一個人如與世隔絕，與親人斷絕往來，容易出現身心障礙，甚至精神崩潰。有無知心朋友交流思想感情，是否關心周圍事物並參與社會生活，往往是一個人心理健康的重要標誌。

(2)對自然和社會環境的適應能力，特別是對變動著的環境能否做到良好地適應，這是衡量心理健康水準的主要標誌。

(3)自我控制的調節能力，特別是對自己的情緒、情感的控制和調節。人的焦慮、抑鬱、悲傷和激怒等不良情緒，擾亂了體內各種生理活動的動態平衡，是引起各種疾病的誘發因素。要防病就要調控情緒，做到心理平衡。

(4)對精神刺激的耐受能力。一個人耐受力的大小，不僅受先天遺傳素質、神經系統活動特點和氣質類型的影響，而且更重要的是，受後天環境和社會化過程中形成的人格心理特徵——特別是他的世界觀、人生觀、認知和評價，以及從生活實踐中鍛鍊出來的堅強意志和信念的影響。後者對精神刺激的耐受力起決定性作用。

(5)心理創傷後康復能力。一個人在人生的道路上，難免遭受或大或小的打擊，並引起不同程度的心理創傷。問題在於他是否能很快地康復，每憶及此事，不再引起情緒波動，並能正確對待，在以後的心理生活上，不產生明顯的消極影響，如同身體患病經治癒後，不留後遺症那樣，這也是心理健康的另一個標誌。

(6)注意力是否集中，也是反映心理健康的一個標誌。它影響著一個人對人、對事的觀察力和記憶力，是意識水準高低的一個度量。心理健康的人在任何場合下，都能集中注意力於面臨的主要問題，及時地作出判斷、決策和相應的行爲。

健全心理集中表現在熱愛事業、熱愛生活，有正確的世界觀、人生觀；有積極上進的學習、工作態度；有明確的生存目標；樂觀開朗、與人爲善、助人爲樂；正視衰老、不怕老、不服老；善於控制喜怒哀樂，使心理處於平衡狀態；在大難中求得生存、在苦悶中求得解脫、在失意中求得泰然；做到對待事業有進取心、對待挫折有堅強的承受力和驚人的毅力、對待疾病既不悲觀失望，又不孰視無睹。

獲得和保持健全心理，應做到：

(1)知足常樂，在生活待遇、享受、榮譽上期望不宜過高，免得自尋煩惱。人的一生中總會碰到意外事件或天災人禍。此時要採取積極有效的替代、轉移法，儘快度過這一時期，使其對心理、身體的損害減少到最低限度。

(2)廣交朋友。平時多跟不同層次、職業、性別、年齡的人交談，以便開闊視野，瞭解人間眞善美。與人交往要有助人爲樂的精神，從奉獻中得到滿足，享受樂趣。

(3)培養廣泛的業餘愛好，從不同角度吸取養分，獲得快樂。

(4)在正確的生存觀支配下，結合自身特點，充分發揮餘熱。

(5)尊重別人，善於謙讓，勇於改正自己的缺點，處理好家庭、社會成員之間的關係，從中得到溫暖和歡樂。

(6)注重知識更新，關心時事政治，使自己的生活與時代同步。

如果我們能情緒穩定、心情舒暢、性格開朗、隨遇而安、寬宏大量、笑對人生，就可以身體健康。

健康Tips

心理衰老的標誌

1. 記憶力越來越差，尤其是近事記憶。
2. 遇事緊張，精神難以鬆弛。
3. 精力分散，難於集中到工作上。
4. 常發牢騷。
5. 喜歡談往事。
6. 對眼前發生的事持漠不關心的態度。
7. 覺得人家處處干擾你，而想獨處生活。
8. 掌握新的工作感到十分困難。

9. 對瑣事特別敏感。
10. 缺少與陌生人交往的勇氣。
11. 自卑自棄。
12. 常提起當年的辛勞。
13. 深為自己的情感所束縛。
14. 喜歡收集不實用的東西。
15. 不能主動地擬訂自己的工作計畫。

第三節　快樂是健康的良藥

一九九七年，世界精神病協會年會指出，人類已從「軀體疾病時代」進入「精神疾病時代」。心理疾病已成爲二十一世紀的「世紀病」，成爲全人類健康的主要敵人。最近，有的科學家甚至認爲，二十一世紀心理治療將是人類戰勝疾病的最重要手段。

心理狀態，已被世界衛生組織列爲評價人體健康的四大指標之一。這是因爲心理健康狀態與疾病的發生、發展，與家庭、社會、事業都有不可分割的聯繫。

來自心理學家的統計表明，約有70％的心理疾病患者，是因爲忽視自己的心理狀態而加劇了病情的發展，加速了心理惡化的進程。

常言說得好，「心病還得心藥治」。快樂是通往心靈安詳的要道。樂觀精神是治療心病的無形妙藥。醫學家們認爲，樂觀、開朗、愉快、喜悅的情緒，能增強大腦皮層的功能和整個神經系統的張力，促使皮質激素與腦啡肽類物質的分泌，使機體抗病能力大大增強，並能極大地活躍體內的免疫系統，從而有利於防病治病。這就是說，用樂觀的精神取代不良情緒，對人體健康十分重要；同時也說明，除了快樂的情緒可以悅心而外，沒有一種藥劑是可以通心的道理。

快樂使人健康，快樂使人長壽。這是毋庸置疑的眞理。但是，誰最快樂、到哪裡去找快樂呢？爲此，美國心理學界經過長達十年時間，對一百多個國家和地區的一萬多人進行了詳細調查，發現快樂是人類特有的一種心理感受，具有濃重的主觀色彩。它與種族、年齡、職業、地位和個人占有的財富等沒有多少內在聯繫。這一研究結果說明，快樂屬於每個人自己。

人生的最高目標是心情愉快。擁有快樂，就等於擁有健康。學會與自己快樂相處，讓自己的心靈時時充滿快樂，就是自己要擁有一間常開著的「健心房」，常常走進去。爲自己忙碌疲憊的心靈做做按摩，使心靈的各個零件經常得到維護和保養。

長壽老人的養生經驗告訴我們，心胸豁達，情緒樂觀是延緩心理衰老、達到健康長壽的重要祕訣之一。

樂觀是悲觀的對稱，一般是指對事業和前程充滿希望和信心的積極態度。

國外有句諺語說：「樂觀主義者發明了快艇，悲觀主義者發明了救生圈。」說明樂觀主義對待事物的態度是堅持發展的觀點，凡事向前看，一切從積極方面著眼。當有人向蕭伯納請教什麼是樂觀主義和悲觀主義時，蕭伯納回答說：「這很簡單。假定桌上只剩下半瓶酒，看見這瓶酒的人如果高喊起來：『太好了，還有一半』，這是樂觀主義者；如果對著這瓶酒嘆息著說：『糟糕，只剩下一半了』，那就是悲觀主義者。」前者看到瓶裡的酒是半滿的，因而感到知足和愉快；後者則只看到瓶裡的酒是半空的，因而感到不滿和懊喪。前者是和現實分不開的；後者則和脫離實際的空想聯繫在一起。

樂觀主義既是一種積極的處世態度，也是養生保健的祕訣。樂觀情緒可使人思想不老、精神不老、心理不老、氣質不老，而精神不老是心理健康的核心，是人的生命活動的支柱和靈魂。人憑精神虎憑威，精神對人體健康的影響是巨大的。樂觀主義者抗病能力強，因爲樂觀情緒可以增強人體的免疫力。

國外一位心理學家透過調查發現：最健康的是那些在婚姻、家庭及工作上都能勝任、情緒愉快、充滿如意和滿足情緒的人，那些在婚姻問題、人際關係方面擺脫不了煩惱，感到自己的事業前途渺茫、包袱沉重的人，將有最大的患病危機。

這說明樂觀的情緒、良好的心情，是全面健康的保證和必要條件。美國哈佛大學精神病專家維蘭特博士，透過對二百人將近四十年的調查提出的一項報告表明：在這些人中，二十一～二十六歲的精神舒暢的五十九人中，只有二人患慢性病，而在精神壓力大的四十八人中，有十八人患有各種疾病。科學研究證明，樂觀情緒能夠調節人的神經系統功能，從而使內臟器官的活動發生良好變化，如心臟跳動均勻有力、呼吸平穩、腸胃平滑肌蠕動加快、胃液分泌增多等。

另外，微笑是心理健康的表現。微笑有著豐富的內涵，它是自信的象徵，有的人即使在遇到嚴重困難時，也仍然能夠微笑，充滿著自信。把沮喪、憂鬱、恐懼、苦惱的情緒一掃而光，有利於困難的解決。

微笑又是禮貌的表示。一個懂禮貌的人，經常面帶微笑，使接觸到他的人感到親切、愉快。

微笑還是和睦相處的反映。在現實生活中，如果人人臉上都帶微笑，就會使置身其中的人感到融洽、平和。這種微笑好像有一種磁力，能夠使人的心靈相通、相近、相親。眞誠的微笑是心理健康的表示或標誌。能發出眞誠微笑的人，總是樂意幫助別人，願意分擔他人的憂傷，減輕他人的痛苦，也願與人共用快樂。這種共用快樂同分憂傷的感覺，是心理健康的一個重要標誌。

善於微笑的人，通常是快樂且有安全感的人，也常能使別人感到愉快，是性格成熟的表現。健康、愉悅的微笑能增進人際關係，也是不良心理的一劑解藥。可見，微笑能淨化情緒氣氛，消除鬱積的緊張和壓力，使生活變得情趣盎然。

健康Tips

心理健康的標誌

1. 對現實具有敏銳的知覺。
2. 自發而不流俗。

3. 熱愛生活、熱愛他人、熱愛大自然。
4. 在所處的環境中，能保持獨立和寧靜。
5. 注意基本的哲學和道德的理論。
6. 對於最平常的事物如旭日夕陽，都能經常保持興趣。
7. 能和少數人建立深厚的友情，並有樂於助人的熱心。
8. 具有眞正的民主態度、創造性觀念和幽默感。
9. 能承受歡樂與憂傷的考驗。

第四節　大德必得其健康

世界衛生組織關於健康的概念有了新的發展，即把道德修養納入了健康的範疇。健康不僅涉及人的體能方面，也涉及人的精神方面。將道德修養作為精神健康的內涵，其內容包括：「健康者，不以損害他人的利益來滿足自己的需要，具有辨別眞與僞、善與惡、美與醜、榮與辱等是非觀念，能按社會行為的規範準則，來約束自己及支配自己的思想行為。」

把道德健康納入健康的大範疇，是有其道理及科學根據的。巴西醫學家馬丁斯經過十年的研究發現，屢犯貪污受賄罪行的人，易患癌症、腦出血、心臟病、神經過敏等症而折壽。

善良的品格、淡泊的心境是健康的保證，與人相處善良正直、心地坦蕩，遇事出於公正，凡事為別人著想，這樣便無煩惱，使心理保持平衡，有利健康。良好的心理狀態，能促進人體內分泌更多有益的激素、酶類和乙醯膽鹼等，這些物質能把血液的流量、神經細胞的興奮調節到最佳狀態，從而增強機體的抗病力，促進人們健康長壽。

但是，有悖於社會道德準則的人，其胡作非為導致緊張、恐懼、內疚等種種心態，食不香、睡不著，惶惶不可終日，這種精神負擔，必然引起神經中樞、內分泌系統的功能失調，干擾各種器官的正常生理代謝過程，削弱免疫系統的防禦能力，最終在惡劣的心境重壓和各種身心疾病的折磨下，或早衰，或喪生。

因此，二十一世紀的人類健康概念，是建立在民主、平等進步的道德價值體系上的。二十一世紀的健康人是在擁有人道主義的高尚道德前提下，熱愛生命、人類、和平和環境；尊重一切值得尊敬的對象；透過奉獻自身誠實的勞動，建設更完善的社會的人。從當前的高智商犯罪、高學歷犯罪和高科技犯罪等現象來看，道德健康無疑應該在二十一世紀的道德體系中居於統帥的地位。

早在春秋時期，孔子就提出「仁者壽」的觀點，並多次對弟子們強調「大德必得其壽」。歷代醫學家們都將修性養德作為養生之首務，這不僅是對道德高尚的人的一種讚揚，而且也包蘊著豐富的科學依據。

(1)誠實有益健康：醫學家指出，誠實的人，心地無私，襟懷坦白，生活坦然，能保持最佳心理狀態，增強免疫系統功能，抵禦各種疾病的侵入。私心重和說謊的人，體內會分泌一種激素物質，可加速心臟跳動，使血壓上升，白血球數量下降；虛僞的人精神常處於一種緊張狀態，最終導致機體的生化代謝和神經調節功能的紊亂，造成內傷。

(2)善良使人健康：寬厚、善良將使人更健康長壽。而當人不懷好意和憤怒時，腎上腺素的分泌加強，呼吸和心跳加快。肌肉緊張，有損於心臟健康。醫學家建議，要做心地善良的人，就要學會制怒和多理解他人，眞誠待人，還要冷靜對待自己被誤解，並能自我解脫。

(3)多做好事利於健康：有學者經實驗證實，人們做好事後，唾液中免疫蛋白A的含量大大增加，這是一種抵禦感染性疾病的抗體。經常做好事的人，心血管疾病和感染性疾病的發病率低，非常有利於身心保健。

(4)人際關係和諧，增進健康：人際關係和諧，會感到溫暖而愉快，獲得精神上的平靜和舒展，從而使人的神經、內分泌、心血管等功能，調節處在最佳水準。人際關係緊張時，血液和尿中的兒茶酚胺含量明顯增加，促使血脂升高，血管滑肌細胞增殖形成動脈硬化；劇烈情緒往往使冠心病、心肌梗塞突然發作，其引起的內分泌紊亂，可引發糖尿病、潰瘍病等。

健康Tips

心理養生

1.積極樂觀地防病治病。特別是中老年人，到了一定歲數後，各種病都「找」上來了。但有病不要怕，要以平常心來對待疾病、治療疾病。

2.要有開闊的心胸和愉快的情緒。心地善良、不急不躁，自己找樂，保持良好的心態。

3.不斷充實自己，培養廣泛的興趣愛好。學習既可使腦力得到鍛鍊，又能延緩和推遲衰老。

4.保持良好的心境，調節好自己的行爲。中醫理論認爲：心不爽，則氣不順；氣不順，則病生。因此，爲人處世，總要使自己在理智和規範的狀態下行事。

第五節　豁達大度可健康長壽

豁達大度，是指一個人在爲人處事中所表現出的寬闊的胸懷和宏大的度量。歌德說過：「世界上最大的是海洋，比海洋大的是天空，比天空大的是胸懷。」所謂「宰相大肚能撐船」，就是指的這種胸懷。有了這樣的胸懷，就會對什麼事都能想得開、放得下、容得住。無論在什麼情況下，都能做到順不忘形、逆不灰心，從容自若，心平氣和。

生活需要和諧，人與人之間要講究大度。大度表現了一個人的思想道德、性格、氣質的修養，是一種具有仁愛之心的積極的處世態度，同時也是顧大體、識大局，善於辯證地看待問題的思維方式和政治素養。

豁達大度有益健康，因爲只有心胸豁達，才能心情舒暢，情緒穩定，有利於保持心理平衡。唐代詩人白居易，雅號樂天，爲官期間，由於堅持正義，得罪了權貴，曾多次遭貶。在挫折面前，白居易沒有被嚇倒，他一方面對自己的「性海澄淳平少浪，心田灑掃淨無塵」，表示了堅定的自信和肯定，一方面在精神上豁達樂觀，「枕上愁煩多發病，府中歡笑勝尋醫。」爲了排除險惡的政治處境給自己帶來的壓抑，他遊山玩水，揮毫抒懷，「死生無可無不可，達哉達哉白樂天。」充分顯示了詩人身處逆境，能想得開、放得下的樂觀自信的開朗性格和博大胸懷，自然這也是他健康長壽的一個重要因素。

凡事要想得開。世界上沒有十全十美的事，也沒有一切符合自己心願的事，萬事如意，不合實際。蘇東坡說過：「人有悲歡離合，月有陰晴圓缺，此事古難全。」既然如此，我們對人就不應求全責備，要善於淡化別人的缺點和不足，多從別人身上發現美的地方；對事要顧大體、識大局，學會辯證地看問題。遇到不順心的事，心胸要寬。要想開點，不要小心眼、鑽牛角尖，自己跟自己過不去。遇到困難，暫時解決不了也不要怕，要相信天不會塌下來。

總之，要有包容大海的胸懷和保持平凡大度、樂觀豪放的處世態度，這樣你就能夠拋開一切干擾，使自己生活在煩惱之外，減少心理上的矛盾和衝突，避免某些負性情緒的產生。

健康Tips

健康性格的組成因素

1.現實態度。一個心理健全的人會面對現實，不管現實對他來說是否愉快。

2.獨立性。一個頭腦健全的人辦事憑理智，他穩重，並且適當聽從合理建議。在需要時，他能夠做出決定，並且樂於承擔他的決定可能帶來的一切後果。

3.愛別人的能力。一個健康的、成熟的人，能夠從愛自己的配偶、孩子、親戚朋友中得到樂趣。

4.適當地依靠他人。一個成熟的人不但可以愛他人，也樂於接受愛。

5.發怒要能自控。任何一個正常的健康人，有時生氣是理所當然的。

6.有長遠打算。一個頭腦健全的人，會爲了長遠利益而放棄眼前的利益，即使眼前利益有很誘人的吸引力。

7.善於休息。一個正常的健康人在做好本職工作的同時，需要並且善於享受閒暇和休息。

8.對調換工作持慎重態度。心理健康的人常常很喜歡自己的工作，不見異思遷。即使需要調換工作，也會非常謹慎。

9.對孩子鍾愛和寬容。一個健康的成人喜愛孩子，並肯花時間去瞭解孩子的特殊要求。

10.對他人的寬容和諒解。對一個成熟的人來說，這種寬容和諒解不單是對性別不同的人，還應該包括種族、國籍以及文化背景方面與自己不同的人。

11.不斷學習和培養情趣。不斷地增長學識和廣泛地培養情趣，是健康個性的特點。

第六節　自律有利於身體健康

自律，作爲心理健康的標準，主要涉及以下兩個方面。

(1)作出決定之過程的性質，強調的是對行爲的調節出自內心，並與完全內在化了的行爲準則相符合，且準則功能與其他功能是整合的。

一個人的行爲，不應該僅僅決定於外在純粹的意外，而是服從於內在的指令，基於有組織的價值觀、需要、信念、已有的成就和尙待完成的事業，所有這一切綜合地組成了他對眾生、對世界的看法。

一個人的生活（尤其是童年）總是處於外在（家庭和社會的）制約之中，因此，人的成長過程中，教育的精髓在於如何循序漸進和潛移默化地將他律轉化爲自律。

精神病人缺乏自律是十分突出的，人格不健康的人的行爲，或者不符合社會規範，或者與自己的需要、決定相抵觸，或者二者兼而有之。如果他們的行爲看起來完全符合道德準則，那在很大程度上是特定的周圍環境和外在力量所決定的。

(2)獨立自主的行爲。健康人的行爲特徵，是相對獨立於自然和社會的環境條件的。

自律的人的滿足，與其說取決於當時的客觀世界、其他人、時尚或手段、目的，或者外在的滿足，毋寧說很多滿足——尤其是最重要的滿足——取決於他自身的發展和潛力的發揮。

自律不僅在於自作決定，也在於如何作出決定，還在於作出決定後採取什麼行動，以及行動的後果，更在於決定的內容和目的。

每個人都是一個矛盾的統一體，自我決定和自我屈從這兩種人人都有。對健康人來說，表現上他有時過於順其自然，有時卻過於自作主張，然而，從他已經走過的人生軌跡和自我實現的前景來看，二者互補、甚至有機地結合爲一體。

必要的補充是，除非有充足的相反的理由，健康人不言而喻的前提是，他們對待現實的態度並不採取「非此即彼」的態度，因爲他們清楚地知道人類經驗的複雜性，現實積極的和消極的方面是不可能分得一清二楚的。

當然，這裡所談到的現實，首先是社會現實，而人們對自然現實所採取的行動，主要取決於當時的自然科學知識和生產力的水準，與心理健康關聯甚少。

健康Tips

老年人合理用藥八項注意

1.宜先就醫後用藥，不宜先服藥後就醫，以免掩蓋病情，延誤診斷，影響治療。

2.用藥方法宜口服，不宜立即肌注或靜脈滴注，因爲服用藥比注射用藥安全、方便。

3.用藥種類宜少不宜多，藥物用得多，容易發生藥物相互作用，產生毒副反應。

4.用藥的劑量宜小不宜大，老年人的腎臟的排泄功能降低，和肝臟對藥物代謝速度的減慢，容易引起蓄積中毒。

5.用藥的時間宜短不宜長。以免產生對藥物的依賴性、耐受性及成癮性。

6.藥性宜溫不宜劇。老年人氣虛體弱，對於劇烈的藥物常發生虛脫、休克等危險。

7.療程宜緩不宜急。急則治其表，緩則治其本，要做到固本扶正，標本兼顧。

8.宜用中藥調養，西藥急救，儘量做到攻補兼施。一般認爲中藥比西藥安全，毒副反應要小得多。

第七節　完美的愛情與婚姻有助於健康

世界衛生組織的專家們研究認爲，多年來，各國醫學界忽視了愛情是防治疾病、長壽和健美的重要因素，這是令人非常遺憾的問題。其實，愛情能使男女雙方愉悅，增強免疫功能，能創造出許多醫學上的奇蹟。

美國俄亥俄州大學的科學工作者，透過對七千多名居民進行的長達九年的觀察研究發現，在日常生活中，缺乏愛情的孤獨者，因心臟病發作而導致死亡的人，比有愛情生活夫妻多二至三倍。與此同時，英國倫敦大學的專家們對兩組婦女做過調查：一組找到稱心如意的異性，獲得了美滿的愛情；另一組是在婚姻、愛情上艱難坎坷、不盡如人意。結果後一組婦女機體免疫力下降，經常患感冒和其他疾病，並普遍出現早衰現象。

心理學家認爲，愛情是男女雙方在心理活動中的一種「精神營養素」，兩情愛慕的幸福和歡快，能夠促使這種心理轉化爲生理上的效應，使雙方體內分泌出一些利於健康長壽的物質，如激素、酶、乙醯膽鹼等，從而促進人體的健康，延年益壽。

人口統計學家早在上世紀七〇年代就注意到一個有機物的現象：與同齡的單身者、離異者或是孀居者相比，已婚人士的壽命最長。不僅如此，他們因患中風、肺炎及其他疾病致死的機率要小得多。更讓人吃驚的是，在大多數發達國家，中年單身者死亡的可能性高出已婚者兩倍，從某種意義上講，婚姻在某些時候像安全帶。

美國芝加哥大學的教授林達威特醫生認爲，可以將其與規律飲食、健身和不吸菸歸入同一目錄。雖然婚姻被稱爲健康福音，但不斷增加的事實表明，那些婚姻欠佳的人更易受疾病困擾。婚姻的最大好處是消除孤獨感與壓力，而這兩者都與病痛相關。但它也可能成爲人們與世隔絕的誘因。

婚姻中的緊張與爭執會引起沮喪，質量低下的婚姻還會給健康帶來負面的影響。一九九八年的一項研究表明，女性只要一想到與丈夫的爭吵，血壓就會上升。婚姻不和的人更易患齒齦、腹腔病與胃腸潰瘍。婚姻中的爭吵還會引起內分泌和免疫系統失調。在一場劍拔弩張的爭執後，腎上腺素與「可的松」升高，並將持續二十二小時，血壓與心跳也會隨之上升。

精神病科專家還指出，良好的婚姻會提升病人的求生欲望。而質量低下的婚姻比什麼都糟。與配偶不和的心臟病患者，在未來四年中死亡的可能性高達其他患者的一·八倍。總體來說，婚姻壓力的生理影響在女性身上體現得更突出，持續也更長。一項長達十五年的研究證明，在家庭中處於劣勢地位的女性易受死亡威脅。在心臟病人中，女性更可能因婚姻不和而死亡。

現代年輕人在擇偶時，多把對方的職業、文化、相貌、收入、身高等因素作爲決定取捨的重要籌碼，其實心理健康更重要，它對於夫妻關係的融洽和諧就像水之於魚、空氣之於鳥、陽光之於花一樣重要，我們對之卻認識不足。沒有心理健康，夫妻愛情大廈的基石就會出現裂痕，甚至會崩塌。

據調查分析，在家庭破裂的諸種因素中，有許多是和心理因素有關的。有的丈夫或妻子度量狹小，嫉妒、猜疑，常無事生非；有的性格暴躁，常把自己外面遭受的不滿情緒，轉移發洩到家庭成員身上；有的心態陰暗消極，說話尖酸刻薄，極端蔑視對方；有的獨斷專行，缺乏平等與尊重的意識，處理問題一意孤行，聽不得不同意見；還有的性格孤僻，精神頹喪，不愛好文化及社交活動，卻還限制對方的興趣愛好，把家庭生活弄得鬱悶單調。

那麼，怎樣判斷所要選擇的對象是心理健康的呢？關鍵有三點：第一是看對方有沒有自信，它包括對自我的肯定態度和較強的適應能力；第二要看對方情緒是否穩定，即面對困難挫折，都能保持正常的心態和樂觀的情緒；第三要看對方生活的態度，即是不是對生活充滿了熱愛、充滿了嚮往，覺得生活充滿了樂趣。

健康Tips

睡前保健八法

1.甲端摩手：即兩手食指、中指、無名指彎曲成四十五度，用指甲端以每分鐘八次的速度往返按摩頭皮一～二分鐘，可加強供血，增強血液循環，加速入睡。

2.雙掌搓耳：即兩掌拇指側緊貼前耳下端，自下而上，由前向後，用力搓摩雙耳一～二分鐘。可疏通經脈、清熱安神，防止聽力退化。

3.雙掌搓面：即兩手掌面緊貼面部，以每秒鐘兩次的速度，用力緩緩搓面部所有部位一～二分鐘，可疏通頭面經脈，促睡防皺。

4.搓摩頸肩：即兩手掌以每分鐘兩次的速度，用力交替搓摩頸肩肌肉群，重點在頸後脊兩側一～二分鐘，可緩解疲勞，預防頸肩病變。

5.推摩胸背：即兩手掌面拇指側，以每秒鐘兩次的速度，自上而下用力推摩後背和前胸，重點在前胸和後腰部，共約二～三分鐘，可強心、健腰、疏通臟腑經脈。

6.掌推雙腿：即兩手相對，緊貼下肢上端，以每秒鐘一次的頻率，由上而順推下肢一分鐘，再以此方法順推另一下肢一分鐘，此法可解除下肢疲勞，疏通足六經脈。

7.交換搓腳：即右腳掌心搓摩左腳背所有部位，再用左腳心搓摩右腳背所有部位。然後用右腳跟搓摩左腳心。再用左腳跟搓摩右腳心、共約二～三分鐘。此法可消除雙足疲勞、貫通氣血經脈。

8.疊掌摩腹：即兩掌重疊，緊貼腹部，以每秒一～二次的速度，持續環摩腹部所有部位，重點臍部及周圍，共約二～三分鐘，此法可強健脾胃，促進消化吸收。

上述睡前保健八法，是一種無副作用的良性保健方法，如長期堅持，可促進周身代謝，對防病益壽有積極的促進作用。施法時需閉目靜腦，心緒寧靜，舌尖輕頂上顎，肢體充分放鬆，一～七法可採用坐位操作，第八法可仰臥操作。施用八法應緊貼皮膚操作，滲透力越強效果越好。

八法操作時間共約十二～十八分鐘，年老體弱者可施法十二分鐘，年輕體壯者連續施法十八分鐘，施法後肢體輕鬆，應安然入睡。

第八節　良好的情緒是最有助於健康的力量

當人們身體有病痛時，很自然地想到去醫院找醫生，但卻不知道這些病症往往是由於自己不能正確調理情緒而引起的。現代醫學研究認爲，成人所患疾病50%～80%起於精神創傷。情緒是指人類日常生活中的生態反應，即喜、怒、憂、思、悲、恐、驚，中醫稱之爲「七情」，分別由心、肝、脾、肺、腎五臟所主，情志內傷是重要的致病原因。中國的養生學非常重視調攝精神在養生保健中的作用，認爲良好的精神狀態可以增進人體健康，延年益壽。在現實生活中，應特別強調「七情」養生法，安神定志，心境坦然，怡情放懷是健身的重要條件。愉快的精神狀態，可使人心情開朗，滿面春光，福壽俱增；不良的精神刺激會使人心情抑鬱，疾病纏身，夭亡短壽。

現代醫學研究發現，一切對人體不利因素的影響中，最能使人短命夭亡的就是不良的情緒。長期情緒憂鬱、恐懼悲傷，嫉妒貪求，驚怒激昂，或情緒緊張的人，比精神狀態穩定的人容易患一些不治之症，如高血壓、冠心病、神經官能症、精神病、哮喘、慢性胃炎、青光眼、癌症等，婦女還容易引起月經不調，甚至絕經。醫學研究表明，70％以上的胃腸疾患與情緒變化有密切關係，心理性因素引起的頭痛，在各種頭痛患者中占80％～90％。現代身心醫學實驗證實，不良心理因素，七情鬱結，精神過度緊張或憂鬱悲傷，是一種強烈的「促癌劑」。上述種種，無不與情志變化密切相關。自古以來，由七情過極而致死或致病的事例屢見不鮮。

良好的情緒是人體的一種最有助於健康的力量。因爲當人精神愉快時，中樞神經系統興奮，指揮作用加強，人體內進行正常的消化、吸收、分泌和排泄的調整，保持著旺盛的新陳代謝。因此，不僅食欲好、睡眠香，而且頭腦敏銳、精力充沛。

情緒是人類的一種複雜心理過程，是人對於客觀事物所產生的主觀體驗。我們平常所說的喜、怒、哀、憂、思、恐、驚等，都是情緒，主要表現在面部，也可以從四肢中體現出來。情緒的產生，不僅與客觀事物是否符合自己的需要有關，而且也與人們對客觀事物的認識有關。比如，一個人在山野中看見一隻老虎，一定會驚慌、恐懼；但是當他第一次在動物園裡看見老虎時，卻會感到高興、愉快。同樣是老虎這個概念，卻引出了兩種截然相反的情緒，原因就在於認識上的不同。

情緒是心理因素中對健康影響最大、作用最強的成分，因爲人的任何活動莫不以情緒爲背景，莫不伴有情緒色彩。所以說，情緒是健康的訊號燈。

愉快、積極的情緒，可對人體的生命活動起到良好的作用，能充分發揮機體的潛在能力，有利於人體健康；而不愉快、消極的情緒又可使人的心理活動失去平衡。如果消極情緒長期反覆出現，還會引起神經活動的機能失調、造成機體的病變，如神經功能紊亂、內分泌功能失調、血壓持續升高等，還可進而轉變爲某些器官、系統的疾病，影響人體健康。

一九六〇年以來，科學家們透過流行病學、動物實驗和臨床觀察的研究，已肯定消極的情緒狀態對疾病的發生發展起著不良的作用。情緒與癌症也有關係，是癌症的「活化劑」。情緒對於心臟病、糖尿病、精神疾病等也都有一定的影響作用。我們平常所說的「笑一笑，十年少；愁一愁，白了頭」以及「幽默療法」等，也都是在說良好的情緒可以減輕病情，甚至治癒某些疾病。

既然情緒對於健康至關重要，所以，我們應該有意識地培養自己的健康情緒。

情緒的產生是個體對周圍環境刺激的主觀體驗，它直接關係著人的生存死亡。醫學家認為，任何情緒的變化，都受到大腦的支配，並透過大腦影響心理和生理活動，即使瞬間的狂喜或暴怒，都會給人體造成或輕或重的損傷。任何一件與人體有關的事，在你對其做出不同反應的同時，對人的免疫系統不是增強，就是減弱。從這個意義上講，情緒不僅是健康的晴雨表，而且是生命的指揮棒。

心理情緒對神經系統的影響：心理活動得不到平衡，情緒就會低落，這種狀況長時間持續下去，首先受到影響的是神經系統的功能。輕者有失眠及精神官能症，重者可以引起精神錯亂、行為失常，即常說的「反應性精神病」。

心理因素會給心血管系統造成不良影響：如憤怒、焦慮時則心跳加快、血壓上升等，交感神經系統處於興奮狀態，久而久之造成心腦血管功能紊亂，出現心律不齊、高血壓和冠心病等，嚴重的可導致腦血栓、心肌梗塞。

心理情緒對消化系統的影響：在長時間消極情緒作用下，如憂愁、悲哀、痛苦、焦慮，使胃腸蠕動明顯減慢，胃液分泌減少，胃腸功能受到嚴重的擾亂，引起不思飲食。這種狀況長時期持續下去，會造成胃炎、胃潰瘍等胃腸疾病。

心理情緒對內分泌的影響：心理活動不穩定，情緒不平衡，久之可以造成內分泌功能加強，促使垂體後葉分泌增加，從而引起冠狀動脈收縮，同時促使腎上腺皮質激素分泌增加，腎上腺分泌兒茶酚胺增多，易導致心肌缺血，突然死亡。

心理情緒因素與癌症：消極的心理情緒，長期的心理緊張，能促使胸腺退化，使免疫能力大大地被削弱，容易誘發和加重癌症疾患。

健康Tips

如何控制好情緒

1.加強道德修養。情緒影響生命活動，道德又是情緒的總開關。做公益的利於他人的事，是高尚的，對身體的健康長壽有很好效應。

2.掌握控制情緒的方法。如：悲療、恐療、怒療、喜療、思療，是透過讓病人引起悲哀、驚恐、憤怒、喜樂、思慮等情緒，去對抗和抑制另一種不良情緒。其方法手段有：

(1)順情法：順病人的心情而成全他，滿足他。

(2)作爲法：用一種行動引起病人的情緒變化。

(3)談心法：透過交談、分析、說服，使之感到溫暖，產生希望。

(4)詐誘法：在其他方法無效情況下，才用假詐之法，幫助病人解除痛苦，事後要不留痕跡，避免病人覺察而復發。

(5)獎勵法：透過表揚方式，使病人獲得榮譽感，激起喜悅之情，獲得信心，充滿希望。

3.在生活變化面前，應經常保持開朗明快的心境和愉快的情緒，遇事冷靜，客觀地作出分析和判斷。

4.要有自知之明，遇事要盡力而爲、適可而止，不要好勝逞能而去做力不從心的事。

5.不要過於計較個人的得失，不要常爲一些雞毛蒜皮的事而發火，憤惱要克制，怨恨要消除。

6.家庭和睦，保持友好的人際關係、鄰里關係，這樣可使人心理上得到滿足，感到家庭和社會的溫暖。

7.要多方面培養自己的興趣與愛好，如書法、繪畫、集郵、養花、下棋、聽音樂等，從事這些活動，可以修身養性，陶冶情操；經常跳跳舞、打打太極拳，既能鍛鍊筋骨，增強體質，又能使人心情舒暢，精神愉快。

8.控制情緒變化。憤怒時要制怒、寬容；過喜時要收斂、抑制；悲傷時要轉移；憂愁時要釋放；焦慮時要分散；驚慌時要鎮靜。無論遇到什麼事情，都要冷靜思考，泰然處之，做到這些，才不會影響身體健康。

第六章

環境與健康

第一節　地理環境

《內經》有這樣的記載：「一州文氣，生化壽夭不同，其故何也？岐伯曰：高下文理，地勢使然也。崇高則陰氣治之，污下則陽氣治之。陽勝者先天，陰勝者後天，此地理之常，生化之道也。」地理環境與人的健康有著密切的關係，如高氟地區會造成氟中毒，高砷地區會造成砷中毒，缺碘地區易患地方性甲狀腺病。一般認爲，地殼內的碘、氟、硒、鈣、鐵、鎂、錳等元素與人類健康關係密切。

我國百歲老人較多的新疆、廣西、廣東、雲南、寧夏等省，豬肝中硒的含量高於全國平均水準。青海、河南、四川的長壽水準較低，食物中硒的含量也低。湖北百歲老人多的地區，環境中硒的含量高出一般地區二至三倍。長壽地區土壤內錳含量高，而銅含量低，該地區百歲老人的頭髮也具有高錳低銅特點。從而推測出，高錳可能是當地老人心血管患病率低的重要因素之一。

美國發現水質的硬度（主要是鈣、鎂含量）越高，中年人和老年人心血管病死亡率越低。如用實驗方法、人爲地提高某一地區的水質硬度，使鈣、鎂含量增高，當地心血管病的死亡率便會下降。中美洲的印第安人很少患高血壓病，可能與當地玉米中含鈣豐富，居民又有吃未經發酵玉米餅的習慣有關。現代醫學證明，鈣離子有利於維持心肌的離子平衡，保證酶系統的正常功能。

某些地方病和腫瘤也存在著明顯的地區性，如世界上肝癌發病率最高的是莫三比克，男性胃癌死亡率最高的是日本，太行山區是我國食管癌的高發區。這種差異也與地球化學因素有關，如克山病和大骨節病高發區的飲水中，離子總量很低，糧食內也明顯缺硒；地方性甲狀腺高發區的土壤和水中碘含量過低；鼻咽癌高發區的大氣環境中鎳含量過高，而游離單矽酸低。

這些帶有很強區域性的疾病稱爲「地方病」。就是在某一個區域內發病率極高，而離開了這個區域，這種病很少見。

地方病是由當地的地理環境造成的。當地的水、土、大氣中所含的化學物質是地方病形成的重要原因。一般來說，在內陸地區由於物質受到淋溶，容易發生元素缺乏症。例如，世界上分布最廣、受害人數最多的地方性甲狀腺腫是缺碘造成的。最早在我國黑龍江省克山縣發現的一例心肌病，是因爲當地土壤岩石中缺碘造成的。此外，大骨節病、糖尿病的發病，與缺少某種化學元素也有關係。

與此同時，在某些不利於人類健康的化學元素集中的地區，也容易發生中毒性的地方病。例如，一些乾旱地區，常可見到氟骨症（骨關節僵硬），是當地環境中含氟過多而引起的；內蒙古和貴州部分地區，常可見到「蛤蟆皮病」，是因飲用了含砷量高的地下水，或用了含砷量高的煤作取暖燃料而造成的。個別地方還有頭髮成片脫落的地方病，這是當地環境中含有過量的鉈元素的緣故。此外，人們還發現，結石病發病率高的地區，往往是石灰岩分布的高鈣地區。

值得注意的是，當前人們在生產過程中，由於不注意保持環境，亂排污水，亂放廢氣，亂堆垃圾，把大量的有害物質排放到土壤、水和大氣中，造成了新的污染，導致新的地方病發生，地方病發病率升高。最突出的例子就是日本的水俁病，它是工廠排放汞化物引起的。近幾十年來，肺癌發病率高的地區，往往是大氣污染嚴重的工礦區和城市。這都證明了人類活動在改造環境的過程中，如果不注意保護有利於人類生存的有益環境，人類將受到環境的懲罰。

不少國家——如我國、日本、匈牙利等國，都有一些長壽地區、長壽村。

那些地方的地理環境、氣候條件一定對人們的健康長壽有利。

就以農村和城市爲例，有人統計認爲，居住在農村的人，要比住在城市的人壽命增加五年。對大陸著名的長壽地區——廣西都安、巴馬的調查表明，五十一位百歲老人全部住在農村，而且絕大部分住在山腰以上的地方，沒有一個是居住在城市的。湖北地區調查發現，九十歲以上的一百二十五位長壽老人中，有96％住在農村。這說明環境對壽命確有一定影響。因此，城裡退休的老人最好選擇在農村居住。

健康Tips

中國大陸是個缺硒國家

自一九八〇年證實克山病、大骨節病與地方性缺硒有關之後，我國科學家接連對中國大陸一千零九十四個縣市（約占全國一半）的土壤樣品的硒含量進行了測定，測定結果顯示：中國大陸是個缺硒的國家。達到國際公布的正常臨界值〇．一毫克／公斤的縣只有三分之一，即我國三分之二地區屬缺硒地區。其中含量或等於小於〇．〇二毫克／公斤的占29％，為嚴重缺硒地區。

據調查，北京市與河北省居民的飲食結構中，硒的成年人日攝入量大約在五十～六十微克範圍，僅能滿足最低生理需要量，離營養學會提出的推薦值五十～二百四十微克相差甚遠。因此，專家們提倡補硒，為此需要有計劃地開發富硒食物，以提高居民硒的攝入量，爭取達到防病抗病對硒的需求。

從河北省食品工業辦公室與河北省衛生防疫站對河北省各種市售的動植物食品的檢測中，大體可以看出以下食物的含硒量高一些。

硒含量高的動物食品有：豬腎、魚、海蝦、對蝦、海蜇皮、驢肉、羊肉、鴨蛋黃、鵪鶉蛋、雞蛋黃、牛肉。

硒含量高的植物食品有：松蘑（乾）、紅蘑、茴香、芝麻、大杏仁、枸杞子、花生晶、黃花菜。

從調查的全面資料來看，天然食品硒含量從高到低，大致順序為動物內臟、海產品、魚、蛋、肉、糧食、牛奶粉、蔬菜、水果。一般蔬菜水果中硒含量很少。

第二節　噪聲

雜訊污染是當今社會的一大公害。雜訊不但影響人的正常工作、休息和睡眠，而且長期處於雜訊環境中，會引起多種疾病。雜訊能危害中樞神經系統，越來越多的跡象表明，雜訊嘈雜的社會，在不斷殺害我們當中的一些人。實驗證明，大鼠受雜訊干擾三個月（每天干擾十二小時）以後，牠們心臟的結締組織變得異常，有的發生癌腫。實際觀察證明，一家工廠的雜訊量達九十五分貝時，工人的舒張壓普遍上升。

雜訊的來源很廣，主要有運輸中的飛機、汽車、火車、拖拉機；工業生產中的打樁機、空氣壓縮機、車床、風鎬、金屬之間的撞擊；公共生活中的高音喇叭、收音機；鬧市區的人聲等，都是噪音之源。

雜訊對人體的健康十分有害。它聒噪難聽、震耳欲聾，使人頭痛失眠、倦怠乏力，也使人心煩意亂、脾氣暴躁。它使動脈血管收縮，加快心臟跳動，使肌肉緊張、瞳孔散大。長期的雜訊刺激，使人永遠喪失聽覺，成爲聾子。噪音還能刺激人的腎上腺素分泌，讓人發怒，導致家庭不和、吵鬧不安，甚至促使暴力和犯罪行爲的發生。

強烈持久的噪音能引起神經衰弱、高血壓、心臟病、胃十二指腸潰瘍病和精神病，一位聲學專家說：「噪音像毒霧一般，是一種致死的慢性毒素。」目前，噪音的危害已被列在廢氣、廢水之後，稱爲第三大公害，是道地的環境污染。俗話說：「震耳欲聾」，噪音的危害就是這樣。如果長期遭受過強噪音的刺激，無論耳內傳聲結構的感覺細胞，或聽覺神經的神經細胞，都會因受強烈聲波的打擊而損傷，而且這是一種永久性的損傷，受害細胞是不能再生和恢復功能的。嚴重時，強烈的聲波還會造成急性內耳出血。

噪音與長壽有密切關係。據統計：在喧鬧的市區，各種疾病的發病率比僻靜地區高二倍。人體在噪音的長期作用下，會導致機體衰老，抵抗力減弱，引起中樞神經系統失調，血壓增高，腸胃功能和內分泌功能障礙。

一九六〇年，美國一種新型超音速飛機問世，製造者頻繁進行試飛實驗，每天有八個架次從一家農場上空掠過，超音速飛機所激起的強大前後衝擊波如雷霆霹靂，驚天動地、震耳欲聾，在聲波轟擊下，盤子咚咚作響，玻璃也被震碎。六個月後，這家農場的一萬隻雞被這聲音的暴力殺死了六千隻，剩下的四千隻雞，有的羽毛脫落，有的不再生蛋，所有的乳牛都不出奶了！農場主怒氣沖沖地控告飛機製造商，要求賠償損失。

巨大的聲響是一種看不見的暴力，它足以對生命造成傷害甚至導致死亡，超音速飛機掠過時，它們產生的聲爆高達一百四十分貝，持續半秒以上，而且會對在其下方八十～一百三十公里寬的區域產生影響。在震耳欲聾的高能聲波轟擊下，不要說雞鴨小生物難脫劫難，就是人和大型牲畜都可能因此喪命。美國人曾在一九五九年做過一次試驗，用高額獎金聘請十個人站在地面上，讓超音速飛機從他們頭頂上十～十二公尺處飛過，儘管他們手捂耳朵拼命躲避，還是無一人倖免，最後全都被雜訊所「擊斃」。

健康Tips

噪音及危害

噪音是一類引起人煩躁、或音量過強而危害人體健康的聲音。噪音污染主要來源於交通運輸如車輛鳴笛、工業噪音如建築施工、社會噪音如音樂廳、高音喇叭、早市和人的大聲說話等。

噪音對人生理和心理上的危害，主要有以下幾方面：

1.損害聽力。有檢測表明：當人連續聽摩托車聲八小時以後，聽力就會受損。若是在搖滾音樂廳半小時後，人的聽力也會受損。

2.有害於人的心血管系統。我國對城市噪音與居民健康的調查表明：地區的噪音每上升一分貝，高血壓發病率就增加三%。

3.影響人的神經系統，使人急躁、易怒。

4.影響睡眠，造成疲倦。

分貝值表示的是聲音的度量單位。人耳剛剛能聽到的聲音是零～十分貝。

分貝值每上升十，表示音量增加十倍，即從一分貝到二十分貝表示音量增加了一百倍。

人低聲耳語約爲三十分貝，大聲說話爲六十～七十分貝。分貝值在六十以下爲無害區，六十～一百一十爲過渡區，一百一十以上是有害區。汽車噪音爲八十～一百分貝，電視機伴音可達八十五分貝，人們長期生活在八十五～九十分貝的噪音環境中，就會得「噪音病」。電鋸聲是一百一十分貝。噴氣式飛機的聲音約爲一百三十分貝。當聲音達到一百二十分貝時，人耳便感到疼痛。

第三節　空氣

空氣中含有的負離子，稱爲空氣的「維生素」，它的多少是評價空氣污染情況的重要指標。據中國大陸負離子衛生科研協作組在大陸各地選擇有代表性的一些城市，進行空氣負離子監測的結果顯示，城市室內空氣負離子明顯低於室外。大城市住宅房間內每立方百公尺空氣中的負離子數只有四十～五十個，其壽命也只有幾秒到幾分鐘。城市街道上的負離子數在一百～二百個。而山谷、瀑布、海濱和林區負離子數經常保持在二萬個以上，壽命可達二十分鐘。

醫學科學家認爲，負離子進入人體後，能促進新陳代謝，精力旺盛，提高機體的免疫力，對人的壽命、行爲、情緒、記憶、生長發育、肌力等均有一定影響。爲了人類的健康和長壽，必須多吸入負離子，當務之急是改善室內空氣。首先要多開窗通風，尤其是冬春季更應注意。廚房經常開窗，增加排氣設備。其次是多到戶外活動，特別是到林中、公園、海邊散步。

空氣中的負離子對人體的健康有益，它可以改善肺換氣功能，調節中樞神經，促進機體新陳代謝，提高機體免疫力，刺激造血功能。在山區負離子比城市多，負離子存在時間也比較持久，山區長壽的人比城市多，這也是其中的因素之一。

人的生活需要新鮮空氣，空氣中的氧是人體內生物氧化作用所需的元素，體內的物質代謝，包括由飲食吃進的糖類、脂類和蛋白質的分解代謝，都需要有氧參加才能完成其代謝過程、產生能量、維持生命。人體的呼吸作用就是吸進氧和呼出二氧化碳。任何被污染的空氣都不利於新陳代謝的正常運轉。空氣中的二氧化碳不能過高，氣壓也不能太高或太低。

通常一個成年人每天呼吸兩萬多次，呼吸空氣達一萬多公升。空氣進入人體在表面積爲六十～八十平方公尺的肺泡裡，經物理擴散，進行氣體交換與吸收。因此空氣是否清潔和有無毒性成分，對人體健康有很大影響。污染的大氣對人體健康危害很大。據有關資料統計，我國老年人因呼吸道疾病而致死的病因在全國已居第五位了。

氧氣是所有問題的關鍵。這種物質雖然維持了我們生命的延續，生命力量的來源存在於細胞中微小的能量工作之中，它被稱爲線粒體，它燃燒著人體所吸入的氧氣。這個氧氣燃燒的過程，使我們的生命得以延續並充滿活力，但同時這個過程會釋放出一種被稱爲氧游離基的產品。一方面，它保證了人的生存，比如，當身體開始與感染疾病的物質進行爭鬥的時候，體內便會釋放出大量的游離基迅速有效地殺滅「入侵者」。

另一方面，游離基（包括那些由呼吸過程產生的充滿我們整個身體的超氧化物）會打破身體固有的平衡狀態，它們攻擊細胞，使其中的脂肪變質，含蛋白質「誘化」，刺穿細胞膜並破壞基因密碼，最後使整個細胞功能失調，並放棄抗爭的努力而死去。這些殘暴的游離基以保護者和破壞者的角色在體內活動著，它們是引起衰老的強大力量。

廣闊的森林被稱爲「地球之肺」，在調節氣候、保持水土、維護生物多樣性等方面有著重要功能。但近十年來，隨著城市化和農業耕作的擴張，加上非法砍伐等活動依然猖獗，「地球之肺」在持續萎縮。

聯合國公布的數字表明，二十世紀九〇年代全球森林面積以平均每年1.4%的速度縮減。近十年來，全球消失的森林總面積達到九千四百萬公頃，比委內瑞拉的國土面積還多。北美、歐洲和日本等國人口雖然只占世界總人口的22%，但卻要消耗掉世界77%的商業木材。

健康Tips

空氣品質水準對人類健康的影響

空氣品質指數	空氣品質水平	對健康影響	給市民的忠告
0～50	良好	沒有影響	可正常活動
51～100	普通普通	一般人的健康不會受到影響，但如果長時間在此空氣污染水準中，長遠來說亦可能引致不良影響。	不用時時採取預防行動，但若長期吸入此污染水準之空氣，亦可能引致不良影響。
101～200	不良	有心臟病或呼吸系統毛病者的健康可能輕微轉壞，而一般人會感到不適。	患有呼吸系統毛病或心臟病人士應減少消耗體力及避免户外活動。
201～300	非常不良	有心臟病或呼吸系統毛病者的健康可能會明顯受到影響，而一般人普遍會感到不適。	市民應減少消耗體力及避免户外活動。
301～400	嚴重	同上	
401～500	有害	同上	

當指數值低於100以下，即表示該測站當日空氣品質符合標準。指數數值在100以上，對身體不好而較敏感的人，會使其症狀更加惡化。

第四節　工作環境

英國專家最近對一些坐辦公室的員工進行一項調查發現，很多機構的員工每天工作長達十多個小時，加上辦公室的環境不好，影響了他們的身心健康。最明顯的病症是坐立姿勢變形、聽覺不靈、心肺受損、頭髮變白或者脫落、皮膚乾燥以及皺紋增多等。

專家們認爲，長時間在某些環境下工作不利於身體健康。比如電腦螢幕的紫外線，會使眼睛疲勞、皮膚受損；終端機會放出對人體有害的電磁場，它發出的熱力，還會使佩戴隱形眼鏡的人感到眼睛乾澀不適；長時間使用電腦，會使手部和肩膀勞損；長時間講電話，會使頸部肌肉綳緊僵硬，而辦公室此起彼落沒完沒了的電話鈴聲，會造成員工耳鳴。

此外，人們最不注意的空調系統、影印儀器和工作台椅等，都會對人們的健康構成不容忽視的威脅。專家們在調查英國五百個辦公室時發現，八分之一的辦公室內空氣乾燥，這容易使員工出現長期疲勞、皮膚粗糙等問題。影印儀器排出的臭氧，伴隨著地毯家具揮發出的污染氣息，使得員工們眼睛、鼻孔和喉嚨不舒服，長期下去甚至有害於他們的心肺功能。而工作台椅的高低不當，則使他們患上頸椎、脊椎疾病。

專家們爲此提出了一些有利於改善工作環境和自身工作狀況的建議。如針對電腦螢幕放射的紫外線和長時間使用鍵盤的問題，專家建議在電腦上增設過濾網；使用護膚膏保護皮膚；員工在每使用一小時鍵盤後，應該休息五～十分鐘，做些手腳頸部的舒展運動；如果辦公室環境乾燥，員工應該多喝開水加以自我調節等，這樣對身心健康有利，可延緩衰老的到來。

健康Tips

來自影印機的污染

美國艾奧瓦大學醫學部實地檢測發現，目前應用的辦公紙，尤其是可以作爲影印的紙中，都含有酚醛樹脂化學合成物。這種化合物具有相當強的致變態反應性，大約10％的使用者可因此生病，這種病雖可在脫離環境後自然好轉和康復，但一旦生病，皮膚發紅、周身發癢、嗓子嘶啞，十分痛苦。

另外，當影印機在工作時，會散發出一種肉眼看不到的粉塵，經電子顯微鏡分析，這種影印機粉塵中含有大量的鐵矽粉。長期從事影印機工作的人，會因大量鐵矽粉的吸入而損傷肺部。

目前，醫學界把此病稱鐵矽塵肺。影印機導致現代病，在我國尚未見有報告，然而，隨著影印機在辦公室中的普及，我們也要重視這個問題，以防患於未然：一、儘量不用或少用高級辦公用紙，特別是不用可以影印、可以傳真的電腦用紙；二、影印機房要絕對通風，最忌在封閉的環境中開機工作；三、影印機操作員至少每年作一次肺部X光透視檢查。連續操作時，最好採用多人輪換制。四、影印人員應該自覺佩帶衛生防塵口罩，這是最簡單，也是最高效的預防方法。

第五節 氣候

在世界各地，人們生活於各種不同的氣候環境中——從熱帶的酷暑到北極的冰天雪地，各種氣候和變化無窮的天氣，都在強有力地影響著人們的生活和健康。

持續數日的極端的天氣（暴雨、洪水、颶風等）能嚴重地影響人們健康。貧困地區的人們抵禦氣候影響的能力，比富裕地區的人們更顯得脆弱。全世界每年約有八萬人死於惡劣氣候造成的自然災害，而其中的95％是在貧窮的國家。如：

一九九八年，一場颶風造成宏都拉斯、尼加拉瓜、瓜地馬拉和薩爾瓦多死亡七千五百人。

二〇〇〇年，莫三比克的洪災奪走了五百人的生命，三十三萬三千人無家可歸。

天氣和氣候的變化使瘧疾病傳播特別迅速。在不正常的天氣條件下，如一場大雨，能極大地增加蚊子數量，從而引發瘧疾流行。這就是一九九八年發生在肯亞瓦吉爾區瘧疾流行的原因。在一些國家，如印度、哥倫比亞和委內瑞拉，這些年瘧疾流行與聖嬰現象引起的多雨氣候關係密切。

人類的活動已經污染了大氣，其程度已能影響氣候。自從工業化時代以來，大氣中二氧化碳（CO_2）濃度已增加到31%，CO_2的增加造成了大氣溫度的上升，而CO_2的排放還在增加。許多國家目前正按照聯合國氣候變化框架公約減少自己國家CO_2的排放量。不幸的是，現行的國際公約還不能防止氣候的改變和海平面上升。氣候變化的科學證據和它的影響，已由政府向專題討論會（IPCC）進行了評估。IPCC的第三次評估報告（二〇〇一年）說：「強有力的證據證明，過去五十年觀察到的氣候變暖，都與人類的活動有關。」

最近數十年，一些地區的平均溫度一直在增加，上個世紀，地球表面溫度平均增加了〇．二度～〇．六度。

就全球範圍而言，據記載，一九九八年是最暖的一年，二十世紀九〇年代是上個世紀最暖的十年。

許多地區雨量增加，特別是在中、高緯度國家。

在亞洲和非洲的部分地區，最近十年已觀察到乾旱的頻率和範圍都增加了。

聖嬰現象發生的頻率增加了，與先前的一百年相比，聖嬰現象持續的時間和影響範圍都增加了一．四度～四．八度，氣候變暖將是全球性的，特別在高緯度地區。

全球氣候變暖的程度，將超過人類一萬年所經歷過的變暖程度。極端天氣的頻發，可能導致洪災和旱災危險性的增加。聖嬰現象將可能更多地發生，其影響範圍和持續時間也可能加大。到二一〇〇年，全球海平面可能上升九～八十八公分。目前沿海六十公里內的一半人口居住區、埃及尼羅河三角洲、孟加拉的干革斯．布拉馬卜特拉三角洲以及包括馬紹爾群島等小島在內的陸地將被淹沒。

對於一個大範圍地區來說，公眾的健康取決於安全飲用水、充足的食物、穩固的住所以及良好的社會條件。所有這些因素都可能受到氣候變化的影響。清潔飲用水和洗滌用水供應減少。飲用水系統可能被污染和被排污系統破壞，諸如腹瀉這類傳染病可能得以蔓延。脆弱地區的糧食產量會下降，這不僅直接地影響人類健康，而且可因植物和動物的疾病間接地危害人類健康。

食物和用水的短缺，在脆弱地區可能引發戰爭，隨之產生的也是人們的健康受到影響。這些和其他對人類健康和幸福有影響的氣候改變，可能導致人口遷徙，大量難民的存在又必然造成環境惡化，進一步影響人們的健康。

氣候的改變又可以造成重要的蟲媒（蚊子）種類及分布的改變，這將會使缺乏衛生條件的地區疾病蔓延。由於氣候變暖，一些高原和山丘地區，如東非或巴布亞新幾內亞的瘧疾將可能出現流行，特別是那些衛生條件差的脆弱地區。一些發達國家因有完善的公共衛生機構和良好的衛生條件，瘧疾不可能大流行，但局部的瘧疾暴發是有可能的。由蚊子和蜱等傳染的其他疾病，如登革熱、黃熱病、腦炎、萊姆病也可能因氣候的改變，而出現季節性傳播或分布的改變。

爲此，WHO專題工作的一份報告，提出了應對的策略：

加強傳染病和疾病蟲媒的監測，及早發現疾病的流行和地區分布；加強環境管理；改善疾病預警系統和應對準備工作；改進水污染和空氣污染管理；針對人們的習慣，加強針對性的健康教育；訓練研究人員和職業衛生工作者。

健康Tips

疾病追著節氣走

一年之中，節氣的更替反映氣候的變化，對疾病的發生和變化也有不同的反映。

立春前後，是生物激素變化最旺盛的時期，人們過敏性疾病增多，皮膚容易發癢或出現濕疹，鼻炎患者病情加重；人體內血液循環旺盛，易於上火，血壓升高，痔瘡患者容易發生出血。

穀雨到端陽節，是陽氣越來越旺盛時期，人體頭、胸部血流上沖，不少人會出現心悸、眩暈等症狀。

小滿、芒種到夏至期間，多是梅雨季節，乾燥性皮膚病患者症狀有所改善，濕性皮膚病和風濕熱、久治不癒的神經痛患者的病情多數加重。

小暑、大暑到處署，氣候轉熱，腹瀉和痢疾、腸胃病等增多，有的人因炎熱而中暑。

白露到秋分期間，早晚溫差變化大，易引起鼻炎及哮喘。秋季，鼻炎往往會轉為哮喘病狀。

寒露、霜降到立冬期間，氣候逐漸下降，哮喘會越來越重、慢性扁桃腺炎患者易引起咽痛，痔瘡患者也較前加重。

冬至到小寒、大寒，是最冷的季節，患心臟和高血壓病的人往往會病情加重、患「中風」者增多，天冷也易凍傷。接近立春時瘙癢症狀又會加重。

氣候變化與人們身體健康密切相關。人們如能掌握氣候變化規律，主動調節衣食住行，適應環境，對增進健康大有好處。

第六節　自然環境

環境，包括氣候環境和地理環境，人要健康長壽，就得與環境相適應。所以，中國醫學非常注意環境、季節、氣候對人健康長壽的影響。

自然界是在不斷運動變化著的，春暖、夏熱、秋涼、冬寒，就是一年中氣候變化的規律。生物在這種氣候變化的影響下，也會有相應的運動變化，中醫把它根據為「春生，夏長，秋收，冬藏。」人也隨著自然氣候的變化而產生相應的適應性改變。人體這種適應自然界的機能，還表現在對一天中晝夜晨昏變化的適應方面。

中國醫學不單是強調人們被動地適應自然，而且主張積極鍛鍊身體以增強適應力。如《素問．四氣調神大論》所指出的四時不同的養生之法，以及「春夏養陽，秋冬養陰」的養生原則，都是從積極的方面提高人體的適應能力，從而主動適應自然環境的變化。

從人類防病抗老、保健益壽的根本利益來說，被動地適應自然環境的變化顯然是很不夠的，更重要的還在於改造自然。

由於環境與人的壽命關係密切，所以古代養生家很重視生活環境的選擇和改造，如孫思邈在年老時，就選擇在山青水秀的環境造屋植樹、種花造池，獨自在那裡養老。清代養生家曹慈山也「辟園林於城中，池館相望，有白皮古松數十株，風濤傾身，如置身岩壑……至九十乃終。」他在《老老恆言》中就提倡「院中植花數十木，不求各種異卉，四時不絕便佳」，「階前大缸儲水，養金魚數尾」，「拂生滌硯，……插瓶花，上簾鉤」，並要求事事不防享身之。這樣既美化了環境，又鍛鍊了身心。對於老人，特別是退休閒居者，這是很適宜的養生方法。

實際生活中發現，有些老年人長期生活在極安靜的環境中，沒有人與之聊天、談心，聽不到富有生活氣息的人歡馬叫聲，久而久之，他們會變得性情孤僻，不願與親朋交往，精神不振，生活沒有規律。他們沒有愛好，沒有追求，沒有進取，對周圍的一切漠不關心。這種寂寞、無聊、孤獨的處境，會使人喪失生活的信心，健康狀況會日趨下降，甚至早亡。

自然界的許多聲響對老年人的健康是有益的，諸如鳥語，雞鳴，海浪拍岸，松濤呼嘯，溪水潺潺，泉水叮咚……，大自然的美景和大自然的交響樂不僅可以陶冶人的情操，而且可以給人一種良性聲音刺激，穩定人體的內在環境。古人就有「聽松濤、聞溪水有益健康」的說法。優美的音樂給人以美的享受，使人輕鬆愉快，精神煥發，對老年人更是如此。所以說老年人對生活環境不可苛求絕對安靜，各種適當的良性聲音刺激是有益於健康的。

健康Tips

如何預防鉛中毒？

1.不要經常在馬路邊玩，特別是車輛較多的馬路，以免吸入鉛塵或吃進含鉛沙土。

2.要幫助兒童及早養成良好的衛生習慣。不要啃咬鉛筆、蠟筆或玩具，不用手抓髒東西，吃飯前要洗手。

3.不要使用帶釉彩的食具，特別是不能用這些食具存放酸性食物，以免鉛溶出。

4. 蔬菜水果食用前要洗淨，能去皮的要去皮、以防殘留農藥中的鉛。
5. 不要購買土法爆製的玉米花，少吃罐頭食品，不吃含鉛的皮蛋。
6. 畫畫之後要洗手。家庭裝修時應避免使用含鉛材料，如含鉛油漆等。另外，每天第一次打開水龍頭流出的水不能飲用。

第七節　水土

水土的質量也與人體的健康有密切關係，凡被污染的水土，例如被農藥、細菌及工廠廢渣、廢水污染的水土，不僅其水源不適合於人及牲畜飲用，而且生長在這種被污染水土上的動植物也必然含有毒素，不宜食用。否則使人生病，導致早衰，縮短壽命。

水是人類生存的重要環境因素之一。水是維護人體健康不可缺少的物質，水也是構成人體一切細胞和組織的主要成分。一個六十公斤體重的成年人。體內水分就有四十公斤左右。一個人一天約需二千西西的水才能維持正常生存，如果嚴重缺水，幾天之內就可能死亡。

水污染後對健康危害很大：一是可引起細菌性疾病（如：傷寒、痢疾等）和病毒性疾病（如：脊髓灰質炎，傳染性肝炎）和寄生蟲引起的疾病（如：血吸蟲、鉤蟲、腸道蠕蟲等）。二是引起急慢性中毒；三是有致癌作用，主要是工業廢水中某些化學物質如：砷、鎳、苯和其他芳香烴等有致癌作用。

雖然地球的70％面積覆蓋著水，但只有1.5％是可供人類利用的淡水。目前全世界有十一億人未能用上清潔的水，二十四億人缺乏充足的用水衛生設施。現在缺水或水資源緊張的地區正不斷擴大，聯合國警告說，到二〇二五年，世界將近一半的人口會生活在缺水的地區。

農業用水占用了全球淡水資源的約70％，聯合國預計在未來的二十年裡，世界需要增加17％的淡水灌溉農作物以滿足糧食消費。加上工業用水、家庭用水和市政供水，到二〇二五年，整個淡水供給需要增加40％。

水危機嚴重制約了可持續發展，人類的不合理利用也造成水資源的萎縮。過度用水、水污染和引進外來物種造成湖泊、河流、濕地和地下含水層的淡水系統的破壞，已帶來嚴重後果。在美國、印度和中國的一些地區過度開採地下水，導致水床沉降而無法補充河流的水源，常常造成河流斷流或乾涸，如美國科羅拉多河和中國黃河。

健康Tips

一天喝水行程表

早上六點三十分　經過一整夜的睡眠，身體開始缺水，起床之際先喝杯二百五十西西的水，可幫助腎臟及肝臟解毒。別馬上吃早餐，等待半小時讓水融入每個細胞，進行新陳代謝後，再進食！（非常重要！身體排污靠它！）

早上八點三十分　清晨從起床到辦公室的過程，時間總是特別緊湊，情緒也較緊張，身體無形中會出現脫水現象，所以到了辦公室後，先別急著泡咖啡，給自己一杯至少二百五十西西的水！

早上十一點　在冷氣房裡工作一段時間後，再給自己一天裡的第三杯水，補充流失的水分，有助於放鬆緊張的工作情緒！

中午十二點五十分　用完午餐半小時後，喝一些水，取代讓你發胖的人工飲料，可以加強身體的消化功能，不僅對健康有益，也能助你維持身材。

下午三點　以一杯健康礦泉水代替午茶與咖啡等提神飲料吧！喝上一大杯

水，除了補充在冷氣房裡流失的水份之外，還能幫助頭腦清醒。

下午五點三十分　下班離開辦公室前，再喝一杯水。想要運用喝水減體重的，可以多喝幾杯，增加飽足感，待會吃晚餐時，自然不會暴飲暴食。

晚上十點　睡前一至半小時再喝上一杯水。今天已攝取二千西西的水量了。不過，別一口氣喝太多，以免晚上得上洗手間，影響睡眠品質。

第八節　濕度與溫度

潮濕的工作與生活環境，對人體健康的影響不可低估。

首先，潮濕的環境可誘發感冒、風濕、哮喘、腸胃病等疾患。研究發現，相對濕度在90％左右時，一些風濕病患者常因關節疼痛而叫苦不迭。中醫認爲：涉水雨淋、久臥濕地或居室潮濕、空氣濕度大，都易招致「濕邪」。濕邪侵犯脾胃，可能產生腹瀉、尿少、水腫、胸悶、食欲不振、面黃肌瘦等症；侵犯關節則誘發各種類型的關節炎。

再者，在潮濕環境工作或生活的人們，到了夏季，由於高溫的綜合作用，易患頭痛、潰瘍及皮疹等疾病。美國醫學專家發現，在潮濕的環境裡，眩暈、腹痛、胸痛、抽筋、視覺障礙（如複視和視野模糊）等病症均有所增加。醫療氣象學者還指出，同樣的氣溫條件下，潮濕環境下，黴菌病及化膿性皮膚病的發病率要比乾燥環境高出一倍。

更值得一提的是，研究資料表明，在潮濕的氣候裡（相對濕度80％以上時），人的記憶力下降、心情憂鬱、情緒低落、暴力行爲和自殺事件明顯增多，意外事故可增加35%左右，且自然死亡率上升。同時，女人更喜歡嘮叨，脾氣更暴躁。人的情欲減弱，促進人的衰老。

十九世紀以來，地球的平均溫度上升了〇．六度以上，到下個世紀，地球的平均溫度將上升一～三．五度，到二一〇〇年，全球的平均溫度將提高四度。全球變暖的「罪魁禍首」是二氧化碳，從工業革命開始以來，空氣中二氧化碳的含量已增加了25%。而在一九九五～一九九六年，全球大部分地區的二氧化碳排放量上升了30%～35%。

人生活的環境以二十度爲理想氣溫，過高過低都會影響代謝反應。熱帶居民的發育和性成熟期一般比寒帶和溫帶居民早，其衰老期的到來也較早。在高溫環境中工作的人，其基礎代謝一般也偏高，因而也易衰老。根據調查長壽老人生活的情況表明，長壽老人多生活在氣溫較低的山區。這些現象是符合生理規律的，因爲在氣溫高的地區生活的人基礎代謝較高，發育較快，故其衰老期到來也較早。

健康Tips

警惕影響健康的疾病訊號

1.小便增多，晚上口渴或小便頻繁，尤其是夜尿增多，尿液滴瀝不淨，小心得了糖尿病、前列腺肥大或前列腺癌。

2.上樓梯或斜坡時就氣喘、心慌，經常感到胸悶、胸痛，小心得了冠心病、腦動脈硬化症等。

3.常為一點小事發火，焦躁不安，時常有頭暈的症狀，小心得了高血壓。

4.咳嗽痰多，時而痰中帶有血絲，小心得了支氣管擴張、肺結核、肺癌等。

5.食欲不振，吃一點油膩或不易消化的食物，就感到上腹部悶脹不適，大便也沒有規律，小心得了胃、肝膽疾病或胃癌、結腸癌。

6.酒量明顯變小，稍喝幾口便發睏、不舒服，第二天還暈暈的，小心得肝臟病、動脈硬化等。

7.胃部不適，常有隱痛、反酸、噯氣等症狀，小心得慢性胃病，尤其是胃潰瘍或胃癌。

8.對近期的事情變得健忘起來，有時反覆做同一件事，可能患了腦動脈硬化、腦梗塞（腦軟化）等。

9.早起時關節發硬，並伴有刺痛，活動或按壓關節時有疼痛感，小心得了風濕性關節病。

10.臉部、眼瞼和下肢常浮腫，血壓高，大多伴有頭痛，腰酸背痛，可能是患了腎臟病。

第九節　光和色光

陽光是人類生活和生存所必需的因素，這是大家所熟知的，不過人體過多地暴露在陽光下，會受到紫外線的照射，從而引起一種放射性的傷害，破壞DNA的結構或引起DNA突變，結果產生種種不良後果。夏天的陽光很強，應當防止紫外線傷害，過度的日光浴不但無效，反而對皮膚及眼睛有害。

光污染已經成爲一種新的環境污染源。光污染使人成熟年齡提高，青少年視力降低。老年人骨折發生率日益增高。而卡拉OK歌舞廳，夜總會的彩燈、旋轉活動燈、閃爍彩色燈對人的生理、心理都有影響，長期處於彩燈照射下，會引起倦怠無力、頭暈、性欲減退，陽痿、月經不調、神經衰弱等病，長期受到霓紅燈照射時，可能誘發鼻出血、脫牙、白內障，甚至出現白血病和癌症。

早在中世紀，阿拉伯醫學家就提到了顏色對人體健康的影響。到了二十世紀，醫學專家們對顏色療法作了進一步的研究，發現顏色能滲透到人體所有的細胞和腺狀組織，能增強人的免疫力，對治療疾病有一定的功效。

那麼，不同顏色的光線能治療何種疾病呢？

白色光線：具有保護作用，且可給人以能量。白色雖然包含所有的顏色，但它也具有獨特的功效。當我們感到疲勞和缺少能量時，用白色光照射頭部，便可重新獲得能量。

藍色光線：有助於從傷口中吸出毒素，並能對抗由病毒或細菌引起的疾病，如傷風與流行性感冒等。

珊瑚色或粉紅色光線：這兩種光線有緩解病情的功效，適用於頭痛和關節炎等疾病。此外，病人若感到情緒不佳，也可用這種光線照射心臟或腹腔。

紅色光線：有一種強力燃燒的作用，最宜去除體內殘液，也可直接照射到胃部，幫助治療胃潰瘍或胃部腐蝕性傷口。

靛青或深藍色光線：是麻醉科醫生使用的光線，能幫助病人減輕痛苦。臨終病人感到痛苦，亦可使用這種光線。

淡黃色或紫色光線：主要功能是刺激組織生長，最宜於用在嚴重燒傷的傷口或癌症病人身上，使受了破壞的纖維和組織重新生長。其他種類的傷口，均可使用這種光線，能促進傷口癒合。

綠色光線：是大自然中最普遍的一種顏色，具有諧和作用，對心中鬱悶的人有幫助。

黃色光線：這種鮮明的顏色能提高人們的警覺性，對治療憂鬱症亦有幫助。

銀色光線：此光線須謹慎使用，但可醫治大腦或神經疾病。

金色光線：是一種強力的光線，能反射太陽的能量。從中醫的角度來說，就是能增加「陽氣」。因背痛顯示脊椎的能量不平衡，因此最適宜於治療背痛。

健康Tips

古人飲食十經

飲食勿偏　「凡所好之物，不可偏耽，耽則傷身生疾；所惡之物，不可全棄，棄則臟氣不均。」

食宜清淡　「味薄神魂自安」；飲食要「去肥濃，節酸鹹」；「薄滋味，養血氣」。

飲食適時　「不饑強食則脾勞，不渴強飲則胃脹」；「要長壽，三餐量腹依時候」。

適溫而食　「食宜溫暖，不可寒冷」；「食飲者，熱勿灼灼，寒勿滄滄。」

食要限量　「飲食有節，則身利而壽登益，飲食不節，則形累而壽命損」；「大渴不大飲，大饑不大食。」

食宜緩細　「飲食緩嚼有益於人者三：滋養肝臟；脾胃易於消化；不致吞食噎咳。」

進食專心　「食不語，寢不言」，有利於胃納消化。

怒後勿食　「人之當食，須去煩惱」；「怒後勿食，食後勿怒」，良好的精神狀態於保健有大益。

選食宜慎　「諸肉臭敗者勿食，豬羊疫死者不可食，曝肉不乾者不可食，煮肉不變色者不可食。」

餐後保健　「食畢當漱口數次，令人牙齒不敗、口香，叩齒三十六，令津滿口，則食易消，益人無百病。飽食而臥，食不消成積，乃生百病。」

第十節　放射性毒物

細胞核的DNA結構經放射性物質侵害後，使細胞失去修復能力，而引起衰老，更可能引起細胞突變，產生一系列的惡果，癌腫就是其中之一。由於某些放射工作的人，大氣和水土不斷受到放射性微塵的污染，因此，人每天都在不知不覺地接受放射性的侵害，導致壽命縮短。毒物（包括化學毒品）對人的危害，隨工業發達而日益嚴重，工業的廢水廢氣，不斷向空氣及河流中傾瀉，農藥的廣泛使用，使水土不斷受到污染，於是人類健康和壽命嚴重受到威脅，中毒事件和癌腫的發病率不斷上升。

目前醫院所用的人體正常生理指標和血紅素及血沉正常值降低，都直接與放射性物質和毒物有關。有的毒物能抑制酶的活性，有的破壞細胞的結構。化學藥品中，很多都是有毒的，氰類化合物、含汞化合物、有機磷化合物、亞硝酸鹽類和一切有機溶劑等的毒性是一般人所熟知的。

新近美國有人發現一種爲亞硝基脲乙酯的化學品，在老鼠身上引起的基因突變率，相當於大劑量X射線所能引起突變的五倍，這表明，有些化學藥品能嚴重地損害人及動物遺傳基因，而導致無窮的危害。化學品及空氣污染的危害性，長期以來被工業界所忽視，是令人十分遺憾的。

另外，一些人類製造的污染物也對健康構成了威脅，如一氧化碳、香水、木柴煙、煤氣、吸菸污染、清潔劑、殺蟲劑和建築材料等。

健康Tips

家用化學製劑有毒

常用的家用化學製劑主要有芳香劑、空氣清潔劑、殺蟲劑、滅蚊劑、髮膠、墨水清除劑、塗改劑、列印修改液、膠貼劑等，其中芳香劑的使用最爲普遍。這些化學製劑中，一般會有苯和汞等毒性化學物質，大多數具有揮發性，這些有毒製劑刺激腎上腺素過多地分泌，並提高心臟對腎上腺素的敏感性，致使心跳加快、無規律，嚴重者發生急性心臟病，甚至死亡。國外就有吸入過量芳香型空氣清新劑致死病例的報導。

化學製劑中的毒物對神經系統具有毒性作用，使大腦功能嚴重受損，長期吸入這些毒性物質，會導致永久性的嚴重的腦損傷而無法恢復；毒物可破壞肝腎細胞，導致肝腎功能障礙；毒物還可刺激皮膚黏膜，引起皮膚病、過敏性呼吸系統疾病；此外，毒物對眼、鼻、胃等器官也可造成損害。家用化學製劑對人體——尤其是對未成年孩子——的嚴重危害應引起警覺。有關專家建議，應儘量限制使用家用化學製劑。在封閉的環境中以及孩子的房間內，最好不要用有強烈氣味的家用化學製劑，如確實需要使用，應注意選擇低毒產品。

第七章

飲食起居與健康

第一節　生活方式與健康

當前威脅我們健康的主要有三大疾病，第一是生活方式病，又叫自我創造性疾病。第二是精神障礙性疾病。二十一世紀是精神病大發展的時期。原世界衛生組織總幹事中島宏說：「全世界有心理疾病的有十五億人，得到治療和控制的只占千分之一。」第三，性傳播疾病。可要注意的是，將來愛滋病的重點，要從非洲轉向亞洲進入中國，愛滋病感染者全世界有四千萬人，已死亡二千五百萬人。而威脅我們生命的三大敵人是癌症、心臟病、腦血管病。

當前面臨兩次衛生革命任務——傳染病和非傳染性慢性病。控制傳染病的法寶有疫苗，而非傳染性慢性病沒有疫苗，沒有特效藥，戰勝它的法寶就是健康快車，就是健康知識，就是自我保健，就是健康教育和健康促進，就是「預防為主」。美國透過幾十年的健康教育，使冠心病死亡率下降了52％，腦卒中死亡率下降了59％。

生活方式不當，會使人一百二十歲的正常壽命縮短到五十～六十歲，甚至有的人四十多歲就死掉了。

計畫經濟時代，有地方鬧饑荒，連飯都吃不飽，許多人得了水腫病，那是因爲缺少營養。大陸改革開放之後，國家富起來了，老百姓開始享用大魚大肉了，天天過大年。吃了這麼多年，人們發現，過去的細腰現在變成了布袋腰，電視電影裡的老闆一出場都是大腹便便，彷彿大腹便便才能是老闆。現在讓我們回過頭來看看，這些人錢多了，物質生活水準提高了，反而弄得一身是病，死得更快了，有人說這都是有錢燒的。

生活方式病嚴重威脅人類的健康和壽命，而且使許多國家付出了沉重的代價。專家們發出警告：「如果人們不改變有害於健康的生活方式，生活方式病將在全國、全世界流行。」生活方式病又稱「文明病」、「富貴病」，還有一個新的名詞，叫「自我創造性疾病」，是舒舒服服、不知不覺、潛移默化、長期形成的。

前世界衛生組織總幹事馬勒說：「高級的轎車、誘人的香菸、豐盛的飲食、懶惰的生活潛藏著危險。」帶來疾病和過早死亡，人們大都死於自己培養起來的生活方式和行爲方式。這不是自然災害，是人爲災害。

前世界衛生組織總幹事中島宏博士說：「世界上絕大多數影響健康和過早

夭亡的問題，都是可以透過改變人們的行爲來防止的。」如果人們能獲得有關吸菸、飲食和身體鍛鍊方面的科學知識，成年人的死亡總數可以減少50％以上。世界衛生組織也提出，人如果要做到「不吸菸、不酗酒、平衡膳食、適當運動」四大高效低費用的生活方式，預期壽命至少可增長十年。

生活習慣對人的健康有著不可估量的影響。醫學專家研究表明，人出生時，絕大多數是健康的，以後發生的疾病，很多都來源於不良的生活習慣。目前導致人類死亡的主要疾病是高血壓、冠心病、惡性腫瘤等，基本上都與人們的不良生活習慣有關，如吸菸、酗酒、生活起居無規律、營養不平衡（偏食、挑食）、高鹽飲食、多糖飲食、缺乏運動、情緒緊張等。由以上幾種不良生活習慣引起的各種慢性疾病，稱「生活方式病」或「生活習慣病」。

生活習慣關係到健康，也關係到美容、歡愉和長壽。世界衛生組織已響亮地提出：「生活方式疾病將成爲全世界頭號殺手。」二十年後什麼最可怕？愛滋病、核武器氾濫、或瘟疫、癌症？都不是，而是不良的生活方式。大約到二〇一五年，發達國家和發展中國家死亡原因大致相同，都是生活方式疾病。

不少人認爲習慣是一個人的「生活小事」，無足輕重，和健康長壽掛不上鉤。但隨著科技的發展，養生保健觀念的更新，人們對此才有清醒的認識。健康、長壽「蘊」在習慣之中，以致提出「不在習慣中生長，便在習慣中死亡」的口號。俄國學者烏申斯基說：「良好的習慣乃是人在其神經系統中所存放的道德資本，這個資本不斷地增值，而人在其整個一生中就享受著它的利息。」這種「利息」會使你益智、健美、歡愉、健康、長壽。但不好的習慣也會在不知不覺中「磨損健康」，導致生病、早衰、折壽、低智和頹喪。要使習慣成爲「健康銀行」而不是「健康耗能站」，就要採取科學的生活方式。生命是需要保養的，最根本、最有效的保養便是良好的生活習慣。

美國專家萊斯特．布萊斯勞對七千名成年人的生活習慣作了跟蹤研究，發現這些人中不良生活習慣愈嚴重，在十年內死亡的機會就愈多。他的最新研究成果還表明，不良的生活習慣會使人早亡，能生存下來的人也可能染上慢性病，嚴重者會留下終生殘疾。

布萊斯勞認爲，不良的生活習慣就是自我毀滅。這位專家形象地將七種不良生活習慣描繪成七種自殺武器，即飲酒過度；吸菸；貪吃以致身體超重；睡眠不足或睡眠過多；缺乏鍛鍊；吃零食；不吃早飯。

因此，倘若你想健康長壽、延緩衰老，就應儘快克服不良的生活習慣，要做到：

⑴**忌饞**。中老年人爲了預防身體發胖，除了加強鍛鍊外，更宜忌「饞」，尤其要少食高脂肪、高糖食物。晚餐不宜過飽。

⑵**忌懶**。中老年人應忌懶惰，多做運動。人體的大部分骨骼、肌肉參與活動使力量加速，肺通氣量增加，心肺功能改善，可以減少冠心病和高血壓的發病率。在環境宜人，空氣清新的地方散步，對腦皮質是一種良好刺激。

⑶**忌欲**。人到中年，若房事過頻，則可導致腎精虧損，腦髓空虛，出現眩暈耳鳴、腰膝酸軟、疲憊乏力、形寒肢冷、小便清長或不利、夜晚尿頻等症狀。但忌欲不是過分地抑制性欲，而是把夫妻性生活調整到生理要求的恰當水準。

⑷**忌愁和怒**。多愁善感、肝火旺盛，易催人衰老。調攝精神是重要的養生法寶。一要心胸曠達，遇事不愁不怨，對生活中的小事不要耿耿於懷，二要謙讓，「免一句口，省一世惱。」

⑸**忌有病不治**。中老年人的大腦、心、肺、肝、腎等重要器官的生理功

能，將隨著年齡增大而減退，細胞的免疫力、再生力和機體的內分泌功能也在下降，患病是難免的，應及早就醫治療，以免釀成重病。

(6)**忌起居不衛生**。有些人常常憋尿、憋大便，這很不衛生。憋尿，可引起下腹脹痛，甚至引發尿道感染和腎炎的發生。憋大便，可造成習慣性便祕、痔瘡、肛裂、脫肛，還可誘發直腸癌。晚上加班頭昏思睡時，不要飲濃茶、咖啡去刺激大腦中樞，以免發生神經衰弱、高血壓、冠心病和潰瘍病。

(7)**忌飲食饑飽不均**。應有良好的飲食習慣，定時定量進食進水，不可饑飽不均，否則可能引起胃腸痙攣、低血糖。經常饑不進食，最易引發胃潰瘍。晚餐少食，以七八成飽爲宜；早餐要吃好，注意蛋白質、礦物質的補充；中餐吃飽，以八九成爲宜，並注意攝入豐富的纖維素食物。

(8)**忌抽菸**。煙霧中含有尼古丁、煙焦油、一氧化碳、亞硝胺、丙烯醛等。吸菸不僅可誘發心血管疾病，而且還可致癌，致面容憔悴瘦削，過早衰老。

健康Tips

低血壓的食療

1.烏骨雞一隻（約重一千五百克）。將雞去毛剖肚洗淨，放入雞腹肚中。當歸頭六十克，黃芪五十克，紅糖一百五十克，米酒五十克，再將雞肚皮縫緊，入鍋隔水蒸熟，吃肉喝湯，每半月吃一次，連吃兩月。

2.紅棗十五枚去核，栗子一百五十克，淨雞一隻，雞切成塊狀，大火煸炒，後加佐料，煮至八成熟，加紅棗、栗子燜熟食之。

3.鯽魚一條，糯米六十克。將魚洗淨（不要去鱗）與糯米共煮成粥，每週用二次，連服兩月。

4.嫩母雞一隻，黃芪三十克，新鮮天麻一百克（乾品十五克）。雞洗淨入沸水中焯一下，用涼水沖洗。將天麻、黃芪切片裝入雞肚內。將雞放於砂鍋中，加蔥、薑適量，鹽、酒、陳皮十五克，水適量，用文火燉至雞爛熟，加胡椒粉二克，即可食用。

5.豬心一個，黃芪二十克，當歸十二克，黨參三十克，川芎六克，加水燉熟，吃豬心喝湯。

6.紅棗二十克，沙參十五克，生熟地各十克，加水適量用燉盅隔水蒸三小時後，加蜂蜜適量，每日分兩次吃完，連服十五天。

7.韭菜適量，搗爛取汁，每日早晨服一杯，常服用，可使血壓恢復正常。

8.當歸、黃芪、紅棗各五十克，雞蛋四顆同煮熟，吃蛋喝湯，每日早晚各一次，空腹吃。

第二節　有害健康的生活習慣

每個人都有自己不同的生活習慣，有些習慣是對健康有益的，而有些習慣平時不覺得什麼，實則對健康有著非常大的危害，下面就讓我們來對照自己看一看，是不是存在著不良的生活習慣：

⑴**不吃早餐**：不吃早餐不僅會傷害腸胃，使人感到疲倦、胃部不適和頭痛，還特別容易產生膽結石，同時又極易「催人老化」。

⑵**空腹跑步**：空腹跑步會增加心臟和肝臟的負擔，而且極易引發心率不整，甚至導致猝死。五十歲以上的老年人，由於利用機體內游離脂肪酸的能力與年輕人相比要低得多，因此其發生意外的危險性更大。

⑶**用滾開水泡茶**：滾開水泡茶會破壞茶葉中的維生素Ｃ。泡茶最好用攝氏七十～八十度的白開水，這種水溫泡製出來的茶水最有益於人體健康。

⑷**睡前不刷牙**：睡前不刷牙，危害很大。國外防疫專家研究認爲，晚上睡前不經常刷牙者，特別容易患感冒和肺炎，也特容易造成牙齒腐壞、牙齦出血、牙周病，乃至牙齒脫落。

(5)**睡前不洗臉**：面部皮膚上的化妝品和污垢會刺激皮膚、堵塞腺體和毛孔，損害皮膚健康。

(6)**用油漆筷子吃飯**：油漆含多種對人有害的化學物質，其中的硝基成分被吸收後，會與含氯乙胺的物質合成具有強力致癌作用的亞硝胺。

(7)**魚刺卡喉後喝醋**：醋非但不能排除魚刺，相反還會引起黏膜蝕傷、食管水腫。

(8)**藥片掰開服用**：藥片掰開後會出現稜角而不利於吞嚥，易損傷食管和腸胃。

(9)**餐桌上鋪塑膠布**：塑膠布是由含毒的游離體聚氯乙烯樹脂製成的，餐具經常接觸這種有毒物質，會使人慢性中毒。

(10)**醉酒後飲濃茶**：茶中的咖啡鹼與酒精反應產生不良作用，加重醉酒人的痛苦。

(11)**睡眠過多**：睡眠過多會加重腦睡眠中樞的負擔，使各種生理代謝活動降到最低水準，且使人的各種感覺功能減退和骨骼肌緊張度下降，人體免疫功能降低，易引起一系列的疾病，特別是血液循環緩慢，會造成心臟病突然發作或中風。

(12)**洗臉過頻**：洗臉過多，會使臉部保護皮膚的皮脂膜受到經常性破壞，導致皮膚受更多的刺激而容易衰老。每天洗臉以早中晚各一次爲宜，而且要少用香皂。

(13)**擦膚過猛**：人身體上的皮細胞層僅〇．一毫米厚，是阻擋病菌和有害射線的天然防線，洗澡狠搓會使這層皮質受損，病菌和有害射線就會乘虛而入，使人易患毛囊炎甚至癤腫等。

(14)**物品使用**：有些家庭一家老小共用一條毛巾、一個口杯、一把牙刷、一個盆子，這種多人合用洗漱用品的做法極不衛生，常會導致一人「紅眼」，全家「眼紅」的結果。

(15)**吃飯過飽**：會使胃脹過度，蠕動緩慢，消化液分泌不足，食物得不到充分消化，導致消化功能障礙，加快衰老。

(16)**鞋跟過高**：使足趾和前腳掌負重過度，身體前傾，胸腰後挺，導致腰肌韌帶損傷，易發生趾外翻、趾囊炎、關節骨折等。還有：減少對高蛋白和多種維生素的攝入，導致機體營養不良，從而影響大腦發育。

⒄**甜食過量**：甜食過量的兒童往往智商較低。這是因爲兒童腦部的發育離不開食物中充足的蛋白質和維生素，甜食會損害胃口，降低食欲。

⒅**長期吸菸**：德國醫學家的研究表明，常年吸菸，使腦組織呈現不同程度萎縮，易患老年性癡呆。因爲長期吸菸可引起腦動脈硬化，日久導致大腦供血不足，神經細胞變性，繼而發生腦萎縮。

⒆**睡眠不足**：大腦消除疲勞的主要方式是睡眠。長期睡眠不足或質量太差，只會加速腦細胞的衰退，聰明的人也會變得糊塗起來。

⒇**少言寡語**：大腦中有專司語言的葉區，經常說話也會促進大腦的發育和鍛鍊大腦的功能。應該多說一些內容豐富、有較強哲理性或邏輯性的話。整日沈默寡言、不苟言笑的人並不一定就聰明。

㉑**空氣污染**：大腦是全身耗氧量最大的器官。只有充足的氧氣供應，才能提高大腦的工作效率。用腦時，特別需要講究工作環境的空氣衛生。

㉒**蒙頭睡覺**：隨著被單中二氧化碳濃度升高，氧氣濃度不斷下降，長時間吸進潮濕空氣，對大腦危害極大。

㉓**不願動腦**：思考是鍛鍊大腦的最佳方法。只有多動腦筋、勤於思考，人

才會變聰明。反之，不願動腦的情況只能加速大腦的退化，聰明人也會變得愚笨。

(24)**帶病用腦**：在身體不適或患疾病時，勉強堅持學習或工作，不僅效率低下，而且容易造成大腦損害。

(25)**不健康的生活習慣還有**：過度酗酒、暴飲暴食、過度疲勞、飽食貪睡、缺乏運動、壓抑情緒、極度緊張、飲水不足、不曬太陽、久蹲廁所、偏食零食、常吃肥肉、食鹽過量、生活懶散、亂吃補藥、久開空調、久看電視、無端猜疑、脾氣暴躁。

健康Tips

不可不知的細節

你蹺二郎腿嗎　許多人在上班時喜歡蹺二郎腿，殊不知蹺二郎腿時，容易造成腰椎與胸椎壓力分布不均，就會引起原因不明的腰疼，而且由於雙腿互相擠壓，還會妨礙腿部血液循環。久而久之，就造成了腿部靜脈曲張，嚴重者會造成腿部血液回流不暢、青筋暴突、潰瘍、靜脈炎、出血和其他疾病。

牛奶讓你變黑　皮膚變黑或變白，是由身體裡的酪氨酸酶分泌的多少決定的，酪氨酸酶分泌得多，黑色素便多，皮膚自然長黑。如果我們在日常飲食中攝入的銅、鋅、鐵、金、銀等元素較多，會促使酪氨酸酶的過多分泌。食物中含有銅、鋅、鐵較多的，有：動物的肝、腎以及海鮮、花生、櫻桃、芝麻、葡萄乾等，而我們一向以爲的美白之王——牛奶，就含有豐富的上述元素。所以，你有沒有發現，自己喝了很多牛奶，反而變黑了呢？

補過牙別嚼口香糖　瑞典哥德堡大學醫院研究表明：經常咀嚼口香糖會損壞口腔中的補牙物質，使其中的汞合金釋放出來，造成人血液和尿液中的水銀含量過高，對健康不利。

熬夜的人是大毒草　晚上九～十一點免疫系統（淋巴）排毒，不宜緊張、焦慮；晚十一點～凌晨三點肝臟排毒，需熟睡；凌晨三～五點肺排毒，需安靜，不能用止咳藥；半夜至凌晨四點爲骨髓造血時間，必須熟睡；清晨五～七點，大腸排毒，應排便。

第三節　健康需要營養師

隨著經濟的發展，我國居民的膳食結構及生活方式發生了很大變化，營養過剩或不平衡所致的慢性疾病逐漸增多，並且成爲人類喪失勞動能力和死亡的重要原因。我國第三次營養調查也發現，「維生素和礦物質攝入不足及不均衡的現象普遍存在」。

人們食用量最大的穀物中，含有濃度較高的植物酸，植物酸會明顯抑制鐵的吸收。所以，儘管攝入了一定量的鐵，但眞正被人體吸收的鐵並不能滿足人體的需要，我國居民仍然有不少人存在著貧血現象。維生素C主要來源於蔬菜中，而我國居民習慣食用煮熟的蔬菜，其中多數維生素C已被破壞。由於日常飲食所攝入的維生素和礦物質並不能滿足人體的全部需求，因此需要每天進行補充。

有些人今天發現自己缺鈣，趕快買一盒含鈣的產品服用；明天發現貧血，馬上又服含鐵的產品，到頭來體內營養仍達不到均衡。豈不知，多數人缺少的營養素並非一種，而營養素之間是相互依賴的，濫補就會干擾營養素的效果，還可能造成另外的營養素過量。然而，吃什麼好？怎麼吃？怎樣補？大多數人對此知之甚少，導致盲目補充的現象比比皆是，人們迫切需要營養師的指導。

我國有幾千年的飲食文化，有大批引以爲豪的廚師隊伍。但廚師並不等於營養師。現在許多醫院裡都有了營養師，但主要是爲病人和重病患者調劑飲食。要使家庭、餐廳、飯店、餐飲業都有營養師指導，實現營養意識全民化，尚需大力宣傳、普及營養知識也需要政府採取有效措施。

人們對營養的認識過程，也是人類健康不斷增進的過程。因爲營養是人類生存的基本條件，更是反映一個國家經濟水準和人民生活質量的重要指標。一直以來，媒體比較注重「運動有益健康」，以鍛鍊促進長壽的宣傳，很少注意科學營養知識的普及。其實一個人的健康是由運動和營養兩大部分組成的。因此，改變傳統的飲食習慣，學習醫學保健知識，建立科學的飲食衛生觀，讓營養師走進家庭與社區，已經成爲改善人們營養狀況、提高全民族健康水準的當務之急。

美國醫學家威廉·卡塞利爾教授經過多年精心研究後，向人們提出了益壽飲食十訣。他認爲，在日常生活中，飲食實行科學調配可以保持營養平衡，延緩衰老、增強體質，達到益壽。其十要訣摘錄如下：

(1)要多吃魚，魚肉中富含可防止心臟病的不飽和脂肪酸。

(2)烹調時儘量採用煮蒸方法，少食油炸、燻烤菜肴。

(3)要多吃蔬菜（包括海藻菜），尤其含葉綠素，胡蘿蔔素及維生素C多的蔬菜和水果。例如，胡蘿蔔、菠菜、捲心菜、海帶、黃瓜、柑橘、梨、楊桃、青椒、番茄等。

(4)要多吃一些纖維素高的食物。例如，蔬菜、燕麥片、糙米、玉米麵、黃豆、紅薯、蘋果、芹菜等。

(5)要多吃些富含維生素B和鋅的食物。例如，芝麻油、牡蠣、貝類、魚蝦、南瓜等。

(6)適量吃一些肥的牛肉、豬肉，因肥肉中含有花生四烯酸，能降低血脂水平。

(7)以少飲酒或不飲酒爲宜。大量飲酒損害肝臟，導致中毒性肝炎、肝硬化等疾病。

(8)飲食要合理搭配，主、副食比例平衡，才可增強體質，延緩衰老進程。

(9)飲食要有意識地補充一些含鈣、維生素D的食物，如酵母、蝦皮、南瓜、牛羊肉及鮮牛奶等。

(10)堅持每日多喝水（白開水或綠茶），可使水分在體內平衡，增加解毒功能。飲茶可以防癌，還可以預防心血管病。

合理膳食是健康的第一基石。根據美國健康食品指南及中國營養學會建議，結合國情，可以歸納爲兩句話，十個字。即「一二三四五，紅黃綠白黑。」

一，指每日飲一袋牛奶，內含二百五十毫克鈣，可以有效補充我國膳食中攝入量普遍偏低的鈣。

二，指每日攝入碳水化合物二百五十～三百五十克，即相當於主食五～七兩，可依個人胖瘦情況而增減。

三，指每日進食三～四份高蛋白食物，每份包括瘦肉一兩或大雞蛋一個，或豆腐二兩，或雞鴨肉二兩，或魚蝦二兩。以魚類、豆類蛋白較好。

四，指四句話，即有粗有細（粗細糧搭配）；不甜不鹹（廣東型膳食每日攝鹽六～七克，上海型八～九克，北京型十四～十五克，東北型十八～十九克，以廣東型最佳，上海型次之）；三四五頓（指在總量控制下，分餐次數多，有利於防治糖尿病，高血脂）；七八分飽。

五，指每日五百克新鮮蔬菜及水量，是預防多種癌症的有效措施。當然，配餐時可再用適量烹調油、乾果及調味品等。

紅，若無禁忌症，每日可飲紅葡萄酒五十毫升，有助於升高高密度脂蛋白及活血化瘀，預防動脈粥樣硬化。

黃，指黃色蔬菜，如胡蘿蔔、紅薯、南瓜、番茄等，內含豐富的胡蘿蔔素，對兒童及成人均有重要的提高免疫力作用，可減少感染預防腫瘤等症。

綠，指綠茶及深綠色蔬菜，據中國預防醫科院研究，綠茶有明顯的抗腫瘤、抗感染作用。又能調適身心、陶冶性情。清茶一杯，神清氣爽。

白，指燕麥粉或燕麥片。北京心肺研究中心證實，每日五十克燕麥片，平均每一百毫升血膽固醇下降三十九毫克、甘油三酯下降七十九毫克，對糖尿病患者效果更顯著。

黑，指黑木耳。研究指出，每日食用五～十五克黑木耳，能顯著降低血黏度與血膽固醇含量，有助於預防血栓形成。

健康Tips

夏令去暑藥粥

紅棗綠豆粥　取紅棗一百克、綠豆三百克，加水一．五升，明火煮沸後再改文火燉熬，使綠豆酥爛爲止，加白糖一百克調勻晾涼食用。有清熱解毒、祛暑止渴、利尿消腫之功效。

蓮子粥　將蓮子二十克用溫水浸泡去皮、去芯磨成粉狀，與淘淨的粳米一百克同煮成粥。此粥有祛熱解煩、安神養心、益腎固精、健脾斂腸之功效。

杏仁粥　取去皮尖扁杏仁六十克，碾碎，與粳米三百克加水煮粥服用。有祛痰止咳、下氣平喘之功效。

荷葉粥　將鮮荷葉一張洗淨後煎湯取汁，加入粳米一百克煮粥，然後加白糖調勻食用。此粥有防暑利尿、降壓之功效。

百合銀花粥　百合五〇克洗淨，銀花六克焙乾研成細末。粳米一百克煮沸後放入百合熬煮成粥。然後放入銀花及適量白糖調勻食用。有清熱消炎、生津止渴之功效。

冬瓜赤豆粥 冬瓜五百克去皮切丁，赤小豆三十克。先將赤小豆加水煮沸後放入冬瓜和冰糖適量同煮成粥。有利小便、消水腫、解熱毒、止煩渴之功效。

苦瓜粥 苦瓜一百克洗淨去瓤切成小塊，先將大米一百克淘淨加水煮沸後再放入苦瓜、冰糖、精鹽適量煮成粥。有消暑降熱、清心明目、去煩解毒之功效。

麥仁大米粥 取大麥仁、白米各一百五十克淘淨煮粥。有消暑降溫、止渴生津、補中益氣之效。

菊花粥 黃菊花二十克，大米一百五十克，菊花煎水去渣後，與大米同煮成粥。常食有利尿、防暑作用。

麥冬粥 麥冬三十克，煎湯取汁。與粳米一百克煮粥，常食能養心滋陰安神，潤肺祛暑降溫。

第四節　進一出看健康

人的食欲除受環境、情緒等因素的影響外，還會受到疾病的影響。因此，人們食欲的變化能反映出身體的健康狀況。

⑴食欲旺盛且容易饑餓，身體日漸消瘦，伴有口渴、多飲、多尿，這很可能是患了糖尿病。

⑵近期內食欲旺盛，但體重下降，並伴有乏力、怕熱、易出汗、易激動等症狀。如果出現眼球飽滿並稍微向外凸出，可能患有甲狀腺功能亢進。

⑶進食大量油膩食物之後，出現食欲明顯減退，並伴有腹脹、胸悶、陣發性腹痛等症狀，則可能是消化不良造成的傷食。若食欲尚可，進食油膩食物後，出現右上腹疼痛，這可能是膽囊出了毛病。

⑷暴飲暴食後，突然發生上腹部劇痛，同時伴有噁心、嘔吐、發熱，服用止痛劑不能緩解症狀，可能是急性胰腺炎的表現。

⑸突然食欲減退，見食生厭，尤其是見了油膩食物就噁心，全身疲乏，腰酸無力，尿色深黃如濃茶，並見眼白髮黃，可能是患了病毒性肝炎。

(6)食欲差，見食生厭，大便不正常，吃油膩食物就腹瀉，這是消化不良的表現。

(7)食欲不正常並有腹脹，且多在食後加重，平臥時腹脹可減輕，並伴有噁心、胃痛等症狀，這可能是患了胃下垂。

(8)四十歲以上的人，在沒有任何原因的情況下，食後腹部飽脹，同時伴有倦怠、食欲下降，身體日漸消瘦，可能是患了食道癌或胃癌，應及早去醫院診治。

中國醫學也十分重視體內代謝廢物的排泄。漢代王充在《論衡》一書中稱：「欲得長生，腸中常清；欲得不死，腸中無滓。」唐代名醫孫思邈曰：「便難之人，其面多晦。」說明當時已認識到「糞毒」對健康的危害。

隨著生活水準的提高，城市居民平時常有葷腥，更有甚者則頓頓見油膩，這些酸性食物代謝後產生有毒物質較多。而生活節奏的加快，使得排便規律被干擾，便祕者日眾，所以，重視排廢更具有現實意義。元代名醫朱丹溪提倡「倒倉」法以祛病延年。所謂「倒倉」，就是及時排出腸中的糟粕濁物，吐故納新，保持胃腸道的清潔。

總之，要減少「腸毒」的滯留與吸收，一是葷腥油膩要適量，應多吃新鮮水果蔬菜以及蜂蜜、核桃、芝麻等潤腸之物。二是要養成規律排便的習慣，提倡早晚兩次排便，一方面降低毒物產生，同時及時清除糞毒，減少腸吸收。有的醫家還提出：「欲長壽，飲水加大黃。」就是清晨飲一杯清水（約二百五十毫升）後慢跑鍛鍊，使清水在胃腸中晃動，起到洗刷腸胃的作用。同時，常用中藥大黃少許泡茶代飲，可潤腸緩瀉，促成一天早晚兩次排便。

除了規律排便外，多吃些具有清腸、解毒的食物，也是排廢的重要方法。常見的此類食物除蔬菜、水果以外，還有傳統食物海帶、綠豆、黑木耳、動物血（血豆腐）、茶葉等。現代研究已證明了它們的作用機制，如中醫認為海帶「軟堅化結、清熱利水」，其所含的褐藻酸能抑制放射性元素鍶的吸收，並可將其排出體外，同時還具有排除重金屬鎘的作用。

古人說綠豆「解金石、砒霜、草木諸毒」，現在瞭解到，綠豆蛋白具有特殊的解毒功能，對重金屬、農藥中毒及其他各種食物中毒均有防治作用。黑木耳則有明顯的滌垢除污功能，可解毒和淨化血液。動物血中的血漿蛋白被消化酶分解後，可產生一種具有解毒和潤腸作用的物質，它和入侵腸道的有害粉塵、微粒結合，將其排出體外。無花果富含有機酸和多種酶，可助消化、保肝解毒，並對二氧化硫、三氧化硫等毒物有抗禦作用。胡蘿蔔因含大量果膠，它可以與汞結合，加速汞離子的排除，可有效降低血汞水準。

健康Tips

健康的生活習慣

晨起喝涼開水　早上起床後喝一杯涼開水，有利於肝臟代謝和降低血壓，防止心肌梗塞，有人稱之爲「復活水」。人經過一夜睡眠後，胃腸道已排空，早晨起床後飲一杯涼開水，能很快被吸收進入血液循環，稀釋血液，從而對體內各器官進行「內洗滌」。

飯前喝湯　飯前飲少量湯，好似運動前做預備活動一樣，可使整個消化器官活動起來，使消化腺分泌足量的消化液，爲進食做好準備，就能充分發揮消化器官功能，使之協調自然進入工作狀態，食後也會感到舒服。

好吃苦食　苦味食物不僅含有無機化合物、生物鹼等，而且含有一定的糖、氨基酸等。苦味中的氨基酸，是人體生長發育、健康長壽的必需物。

站著吃飯　醫學界對不同民族用餐姿勢研究表明，站立最科學，坐式次之，而蹲著吃飯是最不科學的。因爲下蹲時腿部受壓，血流受阻，回心血量減少，進而影響胃的血液供給。

偏愛冷食　降低體溫是人類通向長壽之路。吃冷食、游泳與冷水浴一樣，可使身體熱量平衡，在一定程度上能夠起到降低體溫的作用，延長細胞壽命。

刷牙放慢　有關資料顯示，延長牙齒壽命就能延長人的壽命。刷牙速度過快，左右拉牙刷會使牙根留下拉痕，有損牙齒。如每次刷牙保持幾分鐘以上，沿牙縫上下刷，牙齒後面被清理乾淨，有利於保護牙齒。

第五節　不吸菸，少喝酒

菸草是健康的大敵，現在已是人人皆知，不過有些人還不相信。其實，一開始並沒有人知道吸菸對健康有害，就連科學家也不知道。一次偶然的機會，美國醫生發現掃菸筒的工人的陰囊癌發病率比普通人高出近二十倍，之後又發現肺癌病人90%有吸菸史，這才促使學者對吸菸與健康的關係進行深入研究，結果在幾十年中，全世界六萬多項研究幾乎一致證明：吸菸危害健康，造成疾病及過早死亡。

為了再次客觀公正評價吸菸對健康究竟有沒有害處，六〇年代，美國總統甘迺迪曾下令組織全國最具權威的科學家，對吸菸進行封閉的客觀的研究，使外界對科學家不能進行任何干預。研究的結果在美國國會大廈公布。結論是：吸菸能引起腫瘤、冠心病、慢阻肺，並造成過早死亡。

現在已經沒有人再懷疑吸菸的害處了，但有一個現象值得注意，德國一位學者強烈抨擊某西方大國，向世界出口死亡。因為本國政府深知吸菸有害，大力號召戒菸，使吸菸率下降，但給菸商補貼，使香菸大量傾銷非洲、中國等第三世界國家，這樣把死亡出口給別國，把鈔票賺進自己的腰包，一舉兩得，而我們則一舉兩失，既花錢，又死得快。

據科學研究，吸菸與死亡還有定量關係。假設每包菸價五十元，這樣每天半包、每年一百八十包，需花費約九千元，則可以提前四．六年死亡，如每天吸一包，則每年花費約一萬八仟元，則可提前六年死亡；如每人吸二包，每年花費約四萬元，則可提前死亡八．三年。金錢是購買健康好，還是購買死亡好？答案不言而喻。

香菸燃燒時釋放四千多種化學物質，其中有相當一部分對人體危害極大。

放射性物質：香菸致癌的主要物質。主要是放射性釙，其α射線能量大，電離能力強，能輕易摧毀活細胞中的遺傳因子，殺死細胞或將其轉化爲癌細胞。

一氧化碳：其在血液中與血紅蛋白結合後不易分解，大大降低了血液運輸氧氣的能力，使人體缺氧，可造成頭暈、噁心、無力等症狀，並可影響心血管功能。

焦油：香菸引起肺部疾患的主要物質，可以引起多種慢性肺部疾病，並可誘發肺癌。

尼古丁（菸鹼）：毒性極大，同時會使中樞神經產生依賴性適應，是使人們對香菸上癮的主要原因。一旦產生依賴，戒斷時會產生頭痛、失眠、煩悶、暴躁、注意力不集中等不適，但與癌症沒有直接關係。

苯並芘：對人體有強烈毒性，可引起多種中毒性病變，與某些癌症有關。

有人說吸菸愛國，為國家增加利稅，但損失更大。各國研究都一致證明：菸草的利稅與損失比例是一：一．二～一．五。

有人認為，長期吸菸者突然戒菸有害，一戒反而得癌了，這是毫無根據的。但戒菸應當是自覺自願才好。自己想戒，心情愉快地戒，效果才好；強迫戒的、被動戒的，使人心理失衡，或感自尊心受傷害，對健康不利。應當提高認識，自覺自願戒菸。

酒是糧食、水果、甜菜等原料經過發酵製成，與人們生活有密切的聯繫。酒的歷史非常久遠，影響也非常廣泛，世界各地都有自己獨特的釀酒技術，而且歷史悠久。

我國也是最早釀酒的國家之一，從奴隸社會開始，我國就開始把酒作為藥物來使用，後來逐漸開始成為飲料。

少量飲酒可以使唾液、胃液分泌增加，促進胃腸消化吸收，並能改善血液循環狀態，葡萄酒或果露酒都含有大量對人體有益的物質，少喝有一定的保健和治病作用，這也是酒開始時為什麼是藥的原因。米酒和啤酒有較高的營養價值，尤其是啤酒，含有豐富的氨基酸、維生素，如果把這些營養物質按能量計算，一升啤酒相當於〇·七升牛奶。所以，適量飲酒對健康絕對是有益的。

但是酒中的乙醇很容易吸收入血，如果它在血中的含量太大，會對人體產生危害。當人體中酒精達到萬分之五到千分之二的濃度時，就會出現醉酒狀態，當達到千分之四時，就可造成急性中毒，引起死亡。長期飲酒還可形成慢性酒精中毒，除出現一些神經症狀外，還可對胃、肝、心、腎等重要臟器造成損害。所以，雖然飲酒有一定的好處，也還是要注意不應過量。

一次飲酒過量可以引起頭痛、噁心，嚴重者呼吸緩慢，脈搏快而微弱，面色蒼白，體溫下降，進入昏迷甚至導致死亡。長期嗜酒則會造成慢性酒精中毒，引起維生素缺乏和營養不良，損害人體多處器官，並能使男性雄激素分泌機能降低，雌激素分泌機能上升，導致男子女性化。

飲酒還會造成失眠。酒對人的眼、耳、鼻、舌等感覺器官可產生不同程度的作用，使感覺遲鈍，因此酒在一定程度上有催人入睡的作用。但同時酒精又使視力減退、觀察能力減弱、辯別能力下降，所以用酒催眠，往往使人既睡不深、醒來也不適，養成習慣之後，就會造成經常性失眠。

「借酒消愁」人人皆知，酒之所以有這種作用，是因爲它能減弱人的記憶力、注意力與思維能力。酒精中毒對中樞的抑制直接造成了這種後果，而且長期飲酒者的體內缺乏維生素B_1，可導致健忘症。這就是說，「借酒消愁」是以犧牲健康爲代價的，所以如果有什麼傷心的事，最好不要用這種方法。

健康Tips

健康飲酒的小常識

人體酒精分解能力　每個健康的成年人，都具有相當不錯的酒精分解消化能力，因爲人體的腸道細菌於正常情況下，每天約可釋出三十毫升以上的純酒精。所以，即使是滴酒不沾的人，在自然的情況下，每天也會不知不覺地喝入了相當於二百五十毫升葡萄酒或七百五十毫升啤酒的酒精含量之自然酒精，人若非天生就具有分解這些酒精的能力，將是每天都醉醺醺的。

解酒能力　不過，每個人的解酒能力因先天遺傳體質、是否常喝酒、年齡及喝酒當時的健康與心理狀況會有所不同，一般的成年人，每公斤體重每天約可快速消化分解〇．八毫升純酒精而不會對身體有不良作用。以七十公斤體重的男人而言，可分解消化五十六毫升純酒精，扣除體內自產的三十毫升後，一般成年男人體內每天約可快速消化分解由外攝取的二十六毫升純酒精，相當於一瓶啤酒的酒精量。

適當飲酒　由於人體可自然分解消化酒精，故適當飲酒不但不會影響健康，甚至有益健康，國外有很多醫學研究報告均提出，適當飲酒可使動脈血管擴張、血壓下降，有利於患輕微高血壓及血液循環不良的患者，而適量葡萄酒更能提升有利的高密度脂蛋白，及降低有害的低密度脂蛋白，故有利於防止心臟病發作，我國傳統的釀酒（紹興酒、糯米酒）也是自古流傳的滋養補品。必須注意的是飲酒過量會對肝臟造成損害；同時，過量攝食酒精會造成體內乳酸增多而抑制尿酸的排泄，增加尿酸的累積，故痛風病人應避免過量飲酒。

第六節　家庭營養常見誤區

日前中國大陸家庭營養與健康教育專家研討會在海南召開，會上，專家就中國人營養狀況及對策等問題作了研討，上海第二醫科大學醫學營養學教授、上海市營養學會名譽理事長史奎雄，根據日常門診及熱線諮詢時群眾關注的營養問題，歸納了十四個家庭營養中的常見誤區。

誤區一：米越白，質量越高

解析：米的潔白程度和米外層的米糠去除程度有關，米糠去除程度越高，雖然米是白了，但營養損失亦越多。米糠中含有豐富的維生素B群和膳食纖維，米的胚芽含有維生素E和多不飽和脂肪酸。

提醒：經常食用精白米的人，容易發生維生素B_1和維生素B_2的缺乏，因此，米不是越白越好。

誤區二：蔬菜營養不如魚肉蛋好

解析：各類食物都有其營養素含量的特點，魚肉蛋中含蛋白質、脂肪比較豐富，蔬菜中含維生素、礦物質比較豐富，糧食中含碳水化合物和維生素B群比較豐富。

提醒：人體需要全面平衡的各種營養素，不能只偏重蛋白質和脂肪的攝入，而忽視維生素和礦物質的攝入。

誤區三：水果代替蔬菜

解析：水果可作爲維生素和礦物質營養素的補充，但不能代替蔬菜；因爲水果中的維生素和礦物質是不夠全面的，如一百克蘋果中僅含維生素C四毫克，而一百克油菜中含維生素C三十六毫克。我國五千年前的醫書——《皇帝內經》中就指出「五穀爲養，五菜爲充，五畜爲益，五果爲助」的膳食結構。穀類是滋養身體的主要食物，肉類是補益身體的食物（蛋白質和脂肪含量豐富），蔬菜是補充維生素和礦物質的主要食物，水果是營養素補充的輔助食物；各類食物有各自的特點和營養作用。

提醒：各類食物應相互配合，不能以水果代替蔬菜，否則不能得到全面平衡的營養。

誤區四：肉骨頭湯補鈣

解析：很多骨折的病人喜歡用肉骨頭湯補鈣，其實肉骨頭湯中含鈣量並不高。有人實驗，用一公斤肉骨頭煮湯二小時，湯中的含鈣量僅二十毫克左右，但肉骨頭湯脂肪含量很高，因爲有骨髓。

提醒：成人每日需要的鈣推薦攝入量爲八百毫克，骨折的病人需要更多，用肉骨頭湯補鈣是遠遠不能滿足需要的，應當用牛奶或鈣製劑補鈣。

誤區五：腎結石的病人不能補鈣

解析：腎結石大多是草酸鈣在尿中沉積，主要是草酸攝入過多，在泌尿道排除時與鈣結合，形成草酸鈣沉積形成腎結石。防治腎結石的關鍵，是減少攝入含草酸多的食物如菠菜、竹筍、茭白等；這些食物應少吃，吃時應煮沸，去除草酸含量。流行病學的人群資料亦表明，鈣攝入量多的人群比鈣攝入量少的人群，腎結石的發生率要低。

提醒：一般居民膳食中鈣攝入是不足的，應當增加鈣的攝入，鈣在消化道內增加，與草酸形成草酸鈣，減少草酸的吸收，也減少腎結石的發生。

誤區六：沒有鱗的魚膽固醇高

解析：這個歸納不夠全面。的確有一些沒有鱗的魚膽固醇較高，如銀魚含膽固醇三百六十一毫克，河鰻一百七十七毫克，泥鰍一百三十六毫克，黃鱔一百二十六毫克，鱈魚一百一十四毫克；但不是所有無鱗的魚膽固醇都高，如帶魚七十六毫克，鯊魚七十毫克，與有鱗的草魚八十六毫克，黃魚八十六毫克，鯧魚七十七毫克，鱸魚八十六毫克等相似。

誤區七：少吃葷油，多吃素油

解析：素油亦是脂肪，脂肪攝入過多，易造成肥胖、高血脂、高血壓、脂肪肝等疾病，對心血管反而不利；且素油中多不飽和脂肪酸，容易被氧化成環氧化和物，有害於人體健康。

提醒：素油攝入也不宜過多，成人每日攝入量宜在二十～二十五克，選擇含單不飽和脂肪酸比例較高的植物油，如橄欖油或茶油爲佳。

誤區八：糖尿病病人吃碳水化合物越少越好

解析：血糖和碳水化合物的攝入有關。糖尿病病人應當適當控制碳水化合物的攝入，以防止血糖超標；應在維持正常體重的條件下，維持正常能量的攝入，碳水化合物仍應保持占能量的60％～65％，以多糖爲好；每次應攝入富含膳食纖維的食物如燕麥片、新鮮蔬菜等，使碳水化合物消化吸收緩慢，血糖不會升高過快，水平亦較穩定；如果單純的少食碳水化合物，反而使消化吸收快，血糖很快升高，且持續時間短，容易發生低血糖，出現心悸、頭暈、出冷汗等。

提醒：糖尿病病人進食碳水化合物不是越少越好，而是應該合理安排。

誤區九：晚上只吃菜肴，不吃飯可以減肥

解析：單純性肥胖的主要原因是能量攝入過多、消耗太少，能量在體內轉為脂肪積聚，形成肥胖。產生能量的三大營養素是蛋白質、脂肪和碳水化合物。脂肪一克可產生九千卡能量，蛋白質和碳水化合物一克可產生四千卡的能量。

提醒：少吃飯可少攝入碳水化合物，可減少攝入能量，但多吃菜肴會多攝入脂肪，產生的能量更高，達不到減肥的目的，反使攝入的營養素不能平衡，不利於健康。

誤區十：胡蘿蔔素只有在胡蘿蔔中才有

解析：胡蘿蔔素除胡蘿蔔中含量較高外，其他新鮮的黃綠蔬菜中都含有：胡蘿蔔（黃）含胡蘿蔔素四千零一十微克，豌豆苗二千六百六十七微克，番茄五百五十五微克，紅辣椒一千三百九十微克，甜椒三百四十微克，油菜六百二十微克，小白菜一千六百八十微克，莧菜二千一百一十微克。

誤區十一：老年人飲牛奶會引起白內障

解析：有人說由於牛奶含有半胱氨酸，氧化後易損傷眼睛的晶體，使晶體混濁，發生白內障，因此老年人不宜飲牛奶。但這僅僅是動物實驗的資料，缺乏流行病學資料，外國人天天飲牛奶，他們老年性白內障發病率未見有高於我國人群的報導。牛奶中含有豐富的鈣，是膳食中鈣的很重要的來源，牛奶中的酪蛋白亦是優質蛋白，有利於人體的吸收利用。

提醒：白內障的形成有多方面的因素。老年人的抗氧化能力低，可以補充抗氧化的營養素，如維生素C，維生素E，β胡蘿蔔素，葉黃素，微量元素硒、鋅等營養素來預防老年性白內障。

誤區十二：冬令進補就要補蛋白質

解析：所謂「補」，是針對「缺」而言，缺什麼補什麼，不缺就不補。根據全國第二次營養調查，我國居民膳食中蛋白質供給量是夠的，一般人群沒有必要再補充蛋白質；且蛋白質補充過多，反而增加肝臟和腎臟的負擔，增加鈣的排出，更容易產生缺鈣，因此一般情況下沒有必要再補充蛋白質，只有在疾病時或特殊需要增加時才要補充。

提醒：在居民的膳食中缺少的營養素是：維生素A（占需要供給量的75.7%），維生素B_2（占75%），維生素B_1（占91%），鈣（占57%），鋅（占88%），因此，補充這些維生素和礦物質才是補得有針對性。

誤區十三：解決便祕靠服藥

解析：老年性便祕是一種常見病，主要是膳食纖維攝入較少，腸的蠕動功能下降，腸內的血循環較差，分泌液較少，造成大便乾結便祕。解決的辦法不是依靠服藥，而是應該多食含膳食纖維的食物，每天食用五百克的新鮮蔬菜，促進腸內的血液循環；可用腹部按摩及增加體育鍛鍊，促進腸蠕動，依靠膳食改善和自身鍛鍊，建立良好的排便習慣，從根本上解決便祕，保持大便暢通。

誤區十四：補充維生素C容易發生腎結石

解析：維生素C是酶的輔因子，與膠原的合成、創傷的癒合、血管的脆性有關；維生素C還有抗氧化，促進鐵的吸收和免疫功能的作用；成人每日的推薦攝入量爲一百毫克，可耐受的最高攝入量爲一千毫克。

提醒：維生素C的補充，只要每天的攝入量在一千毫克以內，是不會發生腎結石的。

健康Tips

水果的七宗甜蜜謊言

謊言一：水果什麼時候吃都有益無害

專家提醒：水果並不是可以隨意食用的，因爲其中含有較多的有機酸和單寧類物質，有些水果還含有活性很強的蛋白酶類，可能對胃產生刺激和傷害，出現胃痛、脹氣、腹瀉、消化不良等症狀。

實用策略：選擇水果因人而異。

謊言二：水果可以代替蔬菜

專家提醒：水果中含有的礦物質和維生素的數量遠遠小於蔬菜。如果不吃蔬菜、只靠水果，絕對不足以提供足夠的營養素。

廉價蔬菜有時優於水果。就維生素C的含量來說，廉價的白菜、蘿蔔都比

蘋果、梨、桃高十倍左右。而青椒和花菜的維生素C含量，是草莓和柑橘的二～三倍。

水果勝過蔬菜的地方。水果含有有機酸和芳香物質，在促進食欲、幫助營養物質吸收方面具有重要作用。而且水果不需烹調，沒有營養損失問題。

實用對策：五百克多樣的蔬菜每日必需。

謊言三：水果富含的維生素特別多

專家提醒：大多數水果的維生素C含量並不高，其他維生素的含量就更加有限。維生素共有十三種，來自於多種食品。若想單靠水果提供所有維生素是極不明智的。比如，要滿足人體一日的維生素C推薦量，需要攝入五公斤富士蘋果，這絕對是不可能完成的任務。

富含維生素C的水果有：鮮棗、獼猴桃、山楂、柚子、草莓、柑橘等，而平時常吃的蘋果、梨、桃、杏、香蕉、葡萄等水果的維生素C含量甚低。

富含胡蘿蔔素的水果：芒果是含胡蘿蔔素最多的水果。柑橘、黃杏、鳳梨等黃色水果中，也含有少量胡蘿蔔素。

實用策略：普通水果、野生水果都要吃。

謊言四：水果代餐有益健康和美容

專家提醒：人體一共需要將近五十種營養物質才能維持生存，特別是每天需要六十五克以上的蛋白質，二十克以上的脂肪，以維持組織器官的更新和修復。水果含水分85％以上，蛋白質含量卻不足1％，幾乎不含必需脂肪酸，遠遠不能滿足人體的營養需要。

實用策略：水果做補充，好吃不多吃。

謊言五：多吃水果可以減肥

專家提醒：實際上，水果並非能量很低的食品。因爲具有令人愉快的甜味，其中糖分的含量往往達到8％以上，而且是容易消化的單醣和雙醣。儘管水果按重量算，所含熱量比米飯低，但因爲水果味道甜美，常讓人愛不釋口，很容易吃得過多，所以攝入的糖分往往超標。

實用策略：水果減肥，方法先行。

謊言六：削去果皮就可以解決農藥問題

專家提醒：很多人擔心水果被農藥污染，吃的時候總是把表皮削去，以爲這樣就可以防止污染、安全享用。其實爲了防治害蟲，很多農藥是施在根部的，也有一些直接打入樹皮內，從內部解決害蟲問題。這類施藥方式造成的殘留，顯然是無法用削皮解決的。水果當中營養素含量最高、風味最好的部分恰好在表皮附近，只要將水果徹底洗淨，帶皮食用比較科學。

實用對策：最好吃下安全的果皮。

謊言七：高檔進口水果營養更好

專家提醒：許多人以為昂貴的「洋水果」一定營養價值更高，其實不然。進口水果在旅途中，便已經開始發生營養物質的降解，新鮮度並不理想。而且，因為要長途運輸，往往不等水果完全成熟便採摘下來，透過化學藥劑保鮮，可能影響水果的品質。

實用對策：購買水果務必擦亮眼睛。

第七節　良好睡眠助健康

日出而作，日落而息。人類的睡眠與勞作，就像大自然的黑夜與白晝、太陽與月亮交替變換一樣，遵循著一定的節律，而主宰這一節律的是人體的生物鐘。正是這種生物節律，使人體保持著一種平衡，也使人與大自然之間保持著一種和諧。

睡眠作爲生命所必須的過程，是機體復原、整合和鞏固記憶的重要環節，是健康不可缺少的組成部分。而失眠（睡眠障礙），就像大自然的脈動發生異常改變一樣，使人體原來平衡、和諧的節律發生變化，健康受到威脅。而在當今快節奏、高度競爭的社會環境下，也使越來越多的人處在睡眠障礙的痛苦之中。

偶爾睡不好是絕大多數人都有過的經驗，但是常常睡不好，可是有礙健康的。一般來說，人類的大腦就像有個睡眠中心一樣，能夠控制人們入睡及甦醒的時間。但當這個控管中心受到外界影響開始分不清睡眠、清醒時間時，就會出現可怕的失眠。

幾乎所有的人都經歷過失眠，失眠是一種非致命但十分痛苦的精神症狀。一個人如果長期睡眠不足或睡眠質量太差，再聰明的人也會變得糊塗起來，夜間輾轉無眠，白天工作時，輕則說錯話、辦錯事，重則失去常態、出爾反爾。睡眠是人體大腦的自然保護和最佳營養品，俗話說：「吃好不如睡好，睡得好，才吃得香。」睡覺睡不夠，不病也會瘦。

在漫漫的長夜裡，獨自睜著憂鬱的眼睛等待著天明，這份苦楚大概只有出現睡眠障礙的人才能理解。在當今社會中，隨著生活方式的變革和生活節奏的加快，夜不能寐的人越來越多了。據最近的一份資料顯示，美國、英國等發達國家，每五名成年人中就有一人存在著睡眠障礙。這些人主要集中在證券、通訊、資訊、商務、傳媒、網路、房地產等領域。

中國大陸的科研機構近年分別對上海、南京四千名城市居民進行了調查，結果發現上海人群失眠率為3.6％。一位有房、有車的證券界人士，苦不堪言地訴說道，每天晚上一躺到床上，他的頭腦就特別清楚，白天股市行情的變化像放電影一樣，一幕幕地闖入大腦，入睡非常困難。

一位年近四十的白領女士，情況更為嚴重，整夜躺在床上毫無睡意，到了白天上班時間，頭腦卻昏昏沉沉，幾乎不能工作。還有一位年輕學生，在父母的一再加壓下，幾經拼搏，考上了名牌大學，但一入校園便產生了嚴重的睡眠障礙，整日焦躁不安、脾氣極壞，無法進行正常的學習。有些剛剛退休的老人，由於生活規律發生變化，也會出現明顯的睡眠障礙。睡眠障礙已經成為降低生活質量的主要因素。

睡眠專家一致認為，「極晝社會」、夜班、電視、網路及旅遊，使人們睡得越來越少。許多成年人還因健康原因，如睡眠時呼吸暫停，造成睡眠質量不高，進而導致睡眠不足。不管睡眠不足的原因是什麼，但結果都是一樣：白天昏昏欲睡，思路不清晰，不能明確表達自己的意思，精神無法集中，動作無法協調……兒童變得易怒，在學校惹是生非。過去人們認為這種影響只是暫時的，好好睡上一覺後就會恢復正常。

一項研究顯示，睡眠時有呼吸暫停現象的人，患中風的可能性是正常人的三倍，患心臟病的危險也大大增加。如果兩個晚上不睡覺，血壓會升高。如果每晚只睡四個小時，胰島素的分泌量會減少。僅在一週內，就足可以令健康的年輕人出現前驅糖尿病的症狀。

另一項研究表明，缺乏睡眠使人難以抵抗傳染病。免疫系統功能的減弱，還會使抵禦早期癌症的能力降低。

要想從根本上解決睡眠障礙，就要從人的自身找原因。佛倫茨博士最後說，大腦垂體激素的分泌，歸根結底還是由於人的潛意識控制的。其實一個人只要養成良好的飲食習慣，按時起床、就寢，時刻保持輕鬆、愉快的情緒，不讓自己的身心過度疲勞，失眠就不會找不上你。另外很重要的一條，切不可黑白顛倒，人爲地破壞自己的生物鐘。

所以，養生之道認爲，沒有比睡眠和吃飯更重要的，因爲人的一生當中，至少三分之一的時間是在睡眠中度過的，如果作息無序、睡眠不足，或睡不安穩，必然會影響到人的身體健康與壽命。

大腦的重量占人體重的2.5％，消耗的能量卻占人體總耗能的20％，所以大腦比別的器官更易疲勞。消除大腦過度疲勞最有效的方法就是睡眠。

由於現在生活節奏加快，人們的社會壓力普遍增大，爲了工作業績，加班加點是常有的事，就有人會開夜車。開夜車，不是平時所說的上夜班。上夜班的人，白天有充分的休息，只要調整得好，於身體並無大害。但若白天工作緊張，夜晚再加班加點工作，則是一種不科學的生活方式。

醫學早已證實，人體內確有「鐘錶」，科學家稱之爲「生物鐘」。其控制部位在下丘腦的視交叉。它使人能夠清晰地分辨夜與晝。生物鐘控制著人體的機能，嚴格按照晝夜規律有節奏地變化。白天，機體爲適應各種活動，表現出來體溫、血壓略高，脈搏略快而有力；夜間，又都相應地降低或減緩，以適應平靜的睡眠。近來又發現，促進人體生長發育的生長素，只有在夜間，才由腦下垂體前葉分泌。因此，經常白天勞累，夜間又休息過晚，會導致生長素分泌的紊亂，極大地妨礙身體健康。

腦的活動需要大腦的蛋白質，而這一物質基礎的補充，同樣也是在夜間進行的。在夜間睡眠時，體內就合成大量蛋白質，爲醒來工作做準備。此外，腦本身也需要夜間睡眠來恢復它的功能。長期地「開夜車」還會引起一系列慢性疲勞綜合症，出現頭暈、頭痛、失眠、記憶力衰退、煩躁、疲乏、心悸、胸悶、多汗等症。若身體活動少，進食脂類食物又多，會使腦動脈硬化。因此，「開夜車」實在得不償失。

健康Tips

失眠對人體的危害

1. 一天的睡眠不足，第二天免疫力就會大幅下降，導致頭昏、頭痛、食欲下降、精神不振、記憶力減退等症狀。

2. 失眠者的衰老速度是正常人的二．五倍到三倍、失眠是女人美容的天敵。

3. 長期睡眠不足四小時者，其壽命將比正常睡眠者縮短三分之一，40%的老人由於失眠可誘發八十四種病。

4. 持續失眠易引起血壓、血糖、血脂升高，導致心腦血管併發症發生。

5. 失眠造成內分泌失調，易發生內分泌系統障礙和精神障礙。

6. 可導致缺勤率上升，活動受限，直接、間接的醫療支出增加，事故發生率上升，社會生產力下降。

第八章

運動與健康

第一節　生命在於運動

「生命在於運動」是法國思想家伏爾泰的一句名言。他揭示了生命活動的基本規律：一旦生命的存在形式——運動停止了，生命也就終止了。

生長、發育、成熟、衰老是生命發展的自然規律，每個人都要經歷衰老階段。衰老是一切生物隨著時間的推移而自發的必然過程。她表現為一定的組織器官衰老及其功能、適應性和對外界有害因素抵抗力的減退。

衰老是一個很複雜的現象。人在成熟後，隨年齡的增加，大多數器官的功能會減退。從三十歲以後，機體功能每年約下降0.6～0.7％，在三十歲到七十歲的四十年間，總的功能下降近30％。心輸出量、最大心率、肺活量也成類似的下降趨勢。

俗話說：人老先從腿上老。兩腿的肌肉會隨著年齡增高而呈現大量萎縮和肌力喪失。到了老年，肌肉的肌力、動力和耐力均會明顯減退。同時，關節僵硬，喪失關係到穩定性的靈活性。動作緩慢，行走不穩，特別是下肢的髖關節和膝關節的運動幅度受限。

骨質疏鬆的進展速度，男女不同。婦女從三十～三十五開始，骨鹽丟失率每年約0.7～1.0％。婦女約在停經五年後，骨鹽丟失率每年高達2～3％。男子從五十～五十五歲開始骨鹽丟失率明顯增高。隨骨鹽丟失率的進展，七十歲婦女約丟失30％骨鹽，而男子則丟失15％。由於運動減少，重力和肌力對骨的作用減退，致使骨的礦鹽成分降低。反過來說，作用於骨的機械力可防止骨質丟失。因此廢用或不運動是衰老的一個重要因素。

人體衰老進程的快與慢、壽命的長與短，受許多因素的影響，如社會制度、經濟狀況、營養、醫療衛生條件、體力活動以及遺傳、環境氣候、疾病等。但國內外大量調查研究資料表明，體力活動對於防病抗老是有積極作用的。我國早在古代就用「流水不腐、戶樞不蠹」來比喻運動對防病抗老的作用。現代醫學也給予「生命在於運動」這一指導思想，把體育鍛鍊作爲老年人防病抗老的重要手段。老年人體育鍛鍊和老年人的醫療體育已成爲運動醫學和康復醫學的組織部分。在老年病的預防中，也把體力活動視爲重點之一。

生命在於運動。運動最好從中年開始，長期堅持，成效顯著。老年人離、退休後，更應重視運動鍛鍊，預防和延緩肌肉功能減退。老年人五〇％的功能減退歸咎於廢用性，而這一部分功能減退能藉由運動來防止。老年人堅持不懈地運動，不僅有助於肌肉本身的功能，而且更重要的是關係到心臟功能。運動的生理效益，更多的是利用老年人的心血管系統。

運動不僅促進心臟的肌力和血液循環，而且可減輕動脈硬化病變程度及減少血栓的發生率。堅持長期運動，可獲得以下功效：一、降低收縮壓；二、減少血液中的兒茶酚胺；三、減少血凝傾向；四、降低血清膽固醇、甘油三酯；五、增加高密度脂蛋白；六、擴大心臟的冠狀動脈供血量；七、改善精神狀態，增加信心。

由於衰老所至的心功能降低、肌肉萎縮無力、關節僵硬和骨質疏鬆等變化，其中近一半的功能減退，可借助長期堅持的體育鍛鍊來預防或逆轉。老年人應採取適量的運動，不可急於求成。可適當進行步行、慢跑、騎自行車、游泳及其它有氧運動。因爲這些運動可自我掌握或調節運動量。長期堅持每小時步行三公里左右距離，對延緩衰老或疾病康復是行之有效的。

慢跑、騎車、游泳等亦可得到相同效果。這些運動可使肌肉有節律地收縮與舒張，促進血液循環，增加心輸出量。下肢肌肉的運動更有助於血液循環，特別有利於血液流回心臟。下肢肌肉的積極主動收縮，例如步行或游泳，可產生30%以上的所需能量，促進血液流動。這樣，可以減少同等量的心臟工作。

老年人可透過長期鍛鍊，促進機體耐力和承受應激的能力。如堅持不懈、持之以恆地鍛鍊下去，可達到年輕十～二十歲的效果。某些小運動量的項目是針對老年人的，對心血管和肌肉兩方面有益。大運動量的運動項目對老年人不但無益，甚至危險有害。不可像年輕人那樣去拼搏，只有適度運動才有益於健康。

爲了取得有益的活動量，老年人應每天運動三十分鐘，每週至少三次，每次鍛鍊間隔不要超過兩天以上。一個人必須學會數自己的脈搏。在運動前後要數一下脈搏，運動後的脈搏要達到「亞極性心率」，即一百九十五減去自己的年齡，作爲對運動是否有效的評估。評估某一項運動的效果，對老年人來說首先表現在增加血輸出量、心搏量及最大心率，與此同時，肌力和耐力增加、關節彎曲度增加、骨質脫鈣推遲甚至可逆轉。

運動對老年患者有一種鎮靜效果，因此可減輕或消除患者焦慮和憂鬱情緒。在康復醫院廣泛採用體育療法。病人透過體療，不僅增加運動的耐受性，有了生活自理能力，而且產生了自尊心和樂觀情緒。因此，運動對調整心理平衡產生重要作用。

俗話說，「人強人欺病，人弱病欺人。」人體較完善的免疫系統，保證著身體的健康。研究資料表明，科學合理的身體鍛鍊，可進一步提高機體的免疫力。老年人適度運動，能延緩因年齡增長而帶來的生理機能的衰退，可加速體內新陳代謝、有效地提高心腦血管功能；能調節體內各器官的機能，增強免疫力，起到抵禦SARS等病毒的作用。

健康Tips

水果除疾歌謠

紅棗補脾又生津，活血和胃益氣順。柿餅清熱又健脾，止渴補血舒脈理。

蘋果止瀉又開胃，助消化來補身體。柑桔理氣潤燥熱，止渴化痰清口胃。

吃桃活血並補氣，潤燥還能健身體。止渴解乏吃鳳梨，疏通腸胃益處多。

健胃補脾食草莓，氣血和順益身體。枇杷味美治哮喘，孕婦食之能助產。
羅漢果小功效大，潤喉止渴把痰化。補中益氣是桂園，乾鮮龍眼營養大。
梅子解渴能清心，包梅可殺痢疾菌。獼猴桃能防癌症，常食也能治胃病。
安胎利尿吃葡萄，還助消化效果好。梨子潤喉又化痰，梨汁止渴潤心肺。
香蕉通便清內火，潤腸能使血脈和。滋潤咽喉有橄欖，既解毒來又化痰。
潤肺烏髮核桃仁，潤腸補腎強腰身。益肝平喘食白果，銀杏縮便白帶無。
無花果中有瓊漿，能防亦治高血糖。消食通竅是山楂，抗癌健胃散淤滯。
椰子果汁能止渴，既能防暑又清人。山區佳果數板栗，既能充饑又滋補。
酸甜可口數櫻桃，提神健胃營養高。藕節止血能散瘀，能治咳血止血痢。
西瓜原是好果品，利尿清暑療百病。

第二節　科學健身是抵禦疾病的良方

如何選擇正確的鍛鍊方式，科學有效地健身、提高機體免疫力呢？研究人員特別提出，老年人，尤其是體弱者，在進行鍛鍊時應注意：

(1)全面、定期地進行體檢。瞭解鍛鍊前、鍛鍊中和鍛鍊一個階段後的身體情況，疾病進展和各臟器的功能水準。特別注意心腦血管系統的變化，確保鍛鍊的安全性。

(2)開始鍛鍊時要低強度、短時間。用二週左右的時間觀察身體反應，經過一段時間的適應後，可小幅度增加運動量，呈波浪式漸進，不要追求直線增加運動量。

(3)有規律、持之以恆地參加鍛鍊。每週至少鍛鍊三次。一般說來，達到最佳效果需要數週或數月的時間。

(4)鍛鍊方式多樣化。應注意運動項目上的互補，運動方法可選用從頭到腳、從內到外的各系統器官的全面活動。但要注意避免屏氣或過分用力，以及猛然低頭、彎腰等動作。根據個體差異，老年人可選擇的運動方式首推太極拳、慢跑和步行；鼓勵進行的運動項目爲游泳、騎自行車、網球、老年健身、木蘭拳、木蘭扇等。生病時應立即停止鍛鍊。

(5)鍛鍊前進行準備活動，運動後進行整理活動。年齡越大，準備活動應越充分，十分鍾左右的伸展動作、慢走等可避免損傷；跑步之後至少慢走二～三分鐘；力量練習後先休息五分鐘，再洗一次溫水澡。

總之，老年人進行體育鍛鍊強調的是適量運動，很少參加運動的人務必遵守循序漸進的原則，切忌急於求成。若過於疲勞，反而會降低機體的免疫功能，給病毒以可乘之機。

年輕人也不要經常做劇烈運動，當今科學家最新研究統計表明：「生命在於調節自身的生理平衡。」輕微而適當的運動，有助於健康長壽；劇烈的運動只能催人早衰早逝。

國外一家保險公司在調查三千五百名已故的運動員生前健康狀況時發現：其中有些人在四十～五十歲左右就有心臟病，許多人壽命比普通人還要短。那些運動劇烈而過量的人，最易積勞病疾，運動員猝死的也不乏其人。據科學家們分析，劇烈運動最易造成無氧代謝，而無氧代謝有損於健康與長壽。

「無氧代謝運動」是指肌肉在沒有持續氧氣供給的情況下的劇烈運動。典型的無氧代謝運動有一百公尺和二百公尺賽跑，以及高強度時間使用爆發力的運動，如跳高、跳遠、舉重和投擲等。在從事這些運動時，儘管我們的心與肺臟用盡全力增加對肌肉的氧氣供應，仍無法滿足急劇增加的四肢肌肉對氧氣的需求，於是大腦、肝、腎和胃腸的血管都收縮，把血「擠」出來，供應四肢肌肉，而使這些臟器在運動中處於缺氧狀態，十分有害於身體。

有氧代謝運動是在運動過程中，經過心肺的努力，加快呼吸與心跳，以滿足肢體肌肉對氧氣需求之增加，在運動中氧的供需呈動態平衡。有氧代謝運動是一種以訓練身體耐力爲目標的運動。近年關於運動與健康研究最重大的突破是，認識到中度（而非劇烈）運動有益於健康與長壽。不少人認爲，只有運動後大汗淋漓、腰腿痛才過癮，才有健身效果，這是完全錯誤的概念。有氧代謝運動包括快步行走、慢跑、騎自行車、跳繩、跳健身舞、滑冰、游泳等。

有氧與無氧代謝運動的一個重要區別是運動量的大小。如何判斷我們的運動是否屬於有氧代謝呢？心率快慢是衡量運動強度的尺規。

古人養生之道就是調養生息、有勞有逸、有動有靜，動與靜二者不可偏廢。只強調「生命在於運動」是不全面的。應當是「生命在於調節自身生理平衡」，而劇烈運動是無助於調節自身生理平衡的。

健康Tips

老人春練五不宜

一不宜早　初春，晨間氣溫低、濕度大、霧氣重。因室內外溫差懸殊，人體驟然受冷，容易患傷風感冒或使哮喘病、「老慢支」、肺心病等病情加重，故老年人應在太陽初升後外出鍛鍊爲宜。

二不宜空　老年人新陳代謝低，早晨血流相對緩慢，血壓、體溫偏低，且經過一夜的消化，腹中空空。故晨練前應喝些熱飲料。如牛奶、蛋湯、咖啡、麥片等，以補充水分，增加熱量，增進血容量，加速血液循環，防止腦血管意外。

三不宜露　早晨戶外活動，要選擇避風向陽、溫暖安靜、空氣新鮮的曠野、公園或草坪中，不要頂風跑，更不宜脫衣露體鍛鍊。當感到太熱出汗時，運動強度可小些，速度慢些或休息一會，千萬不可忙脫衣服，讓寒風直吹，這樣寒氣侵襲，使人致病。

四不宜激 老年人體力弱，適應差，故運動量一定要量力而行，循序漸進，舒適爲宜，不能逞強，不宜過於激烈或持久，宜多做些散步、氣功、太極拳、廣播操等舒緩的活動。實踐證明，激烈運動容易誘發心、肺疾病。

五不宜急 即不作無準備的鍛鍊，因老年人晨起後肌肉舒弛，關節韌帶僵硬，四肢功能不協調，故鍛鍊前應輕柔的活動軀體，扭動腰肢，放鬆肌肉，活動關節，以提高運動的興奮性，防止因驟然鍛鍊而誘發意外傷害。

第三節　健康是走出來的

上世紀二十年代初，美國心臟學會奠基人、著名的心臟病學家、幾任美國總統的保健醫生懷特博士第一個提出：從進化論角度看，步行是最好的運動，它對人體健康有特殊的益處，它創造性地將步行鍛鍊作爲心臟病人和心肌梗塞後病人康復治療的方法，取得良好的效果。他建議健康成人應每日進行步行鍛鍊，並將其當作一種規律性的終生運動方式。他的權威性的科學論著作爲教科書，影響了幾代人。

一九九七年，有學者對一千六百四十五名六十五歲以上老人的前瞻性研究發現：與每週步行少於一小時的老人相比，每週步行四小時以上者的心血管病住院率減少69%，死亡率減少73%。所以，步行應該成爲人們——特別是中老年人——良好的保健運動，它是心血管病的有效預防措施。

在進行運動健身時，應掌握「三、五、七」的原則。「三」指每天步行約三公里，時間在三十分鐘以上；「五」指每週要運動五次以上，因爲只有規律性的運動才能有效；「七」指運動後心率加年齡約爲一百七十，這樣的運動量屬中等強度。比如，五十歲的人運動後的心率要達到一百二十次／分，六十歲的人運動後心率要達到一百一十次／分，這樣就能保證有氧代謝。若身體素質好，或有運動基礎的人，年齡與心率之和可達到一百九十左右。反之，身體素質較差者，這個數字到一百五十左右即可，否則會產生無氧代謝，導致不良影響或意外。

人們在晴朗天氣散步被認爲是正常的，而在歐美一些國家，越來越多的人加入了雨中散步的行列。氣象學者認爲，雨中散步有許多晴日散步所不可比擬的健身作用。一場毛毛細雨降落大地，可洗滌塵埃污物、淨化空氣，路面更清潔、空氣更清新。此外，雨前殘陽照射及細雨初降時，所產生的大量負離子，享有「空中維生素」之稱，並有助於降低血壓。到戶外冒著細雨散步，還有助於消除陰雨天氣容易引起的情緒憂鬱症。至於對那些不加遮蓋的散步者來說，霏霏細雨猶如一場天然的冷水浴，能大大增強肌體對外界環境變化的適應能力。

運動還有減肥和調整神經功能的作用。

除跑步和步行之外，值得一提的是太極拳。美國一項研究表明，太極拳對改善老年人神經系統穩定性有顯著療效，病人不易摔倒，可減少骨折50％，骨質疏鬆的發生率和嚴重程度會明顯減少和減輕。此外，打太極拳還可以改善人的心肺功能。

健康Tips

腳的保健

腳的疲勞　如果你的工作需要整天站著，就免不了感到雙腳站得又累又痛，解決的辦法就是踏上一個突起的平面，然後再下來，兩腳輪換，以活動肌肉；也可以原地伸屈雙腳，即翹起腳後跟，然後再放下來；也可以脫掉鞋，把一個網球大小的球狀物頂在腳心，來回滾動一、兩分鐘，這樣能幫助你防止足弓抽筋或者過度疲勞。

腳跟痛　很多人以爲腳跟痛是由於腳跟骨刺引起的，實際上是由於附在腳跟骨上的組織一再處於緊張狀態，每天發生被扯破現象，日積月累就會感到劇痛了。被扯破的是由腳跟骨延伸到腳趾的彈性組織跟腱。要想防止這種疼痛，可以赤腳面對著牆，雙手撐住牆，右腿屈膝向前跨，左腿在身後伸直，整隻左腳平貼著地面，儘量向後伸，然後左右腿交換，重複這個動作，這種伸展動作能鬆弛小腿的肌肉，能夠舒展跟腱，使所有延伸到腳部的肌肉都減少緊張。

趾骨痛　造成趾骨痛的原因很多，例如神經受損，所穿的鞋頭太窄或是鞋跟太高等，所以應該改穿鞋頭寬一些的平底鞋。高跟鞋儘量只在特殊的場合穿。

趾甲　趾甲只要略微與甲床脫離，那地方就可能受到眞菌的感染，解決的辦法就是勤剪趾甲，以免趾甲意外斷裂。另外，趾甲尖向內彎曲生長並戳到肉裡，通常是由於剪趾甲不當造成的，所以剪趾甲不要留下一個尖，而且兩個邊角處不要剪得太短，否則趾甲就能穿破皮膚而向肉裡生長。

最後要提醒一點的是，我們的鞋子大小需要合腳，買鞋的時間最好選在下午。

第四節　在鍛鍊中如何觀察自己是否健康

鍛鍊過程中的自我檢查，是用醫學知識對自己的身體情況進行檢查和觀察，並隨時糾正不良的鍛鍊方法和強度等。以下幾種方法可以作爲參考：

(1)**自我感覺**：如果在鍛鍊時容易疲勞和出汗，鍛鍊後感到精神不振，有頭暈感覺，長時間不能恢復體力等，這多半是缺乏系統鍛鍊或運動量安排不合理的緣故，應調整鍛鍊計畫和運動量。

(2)**睡眠**：經常運動的人睡眠應該是良好的，如果出現失眠、屢醒、多夢、早起精神不好等，要調整鍛鍊方法及運動量。

(3)**食欲**：經常運動的人食欲良好，運動量過大食欲會減退。剛鍛鍊結束馬上進食，也會影響食欲。建議在劇烈運動後半小時左右再進食。

(4)**體重**：鍛鍊初期，由於新陳代謝加強，體內脂肪和水分消耗過多，體重可能減少一些。如果發現體重持續下降，應查明原因。

(5)**脈搏**：經常鍛鍊的人，安靜時脈搏頻率較爲緩慢。脈搏頻率與訓練水準有關，脈搏頻率減慢說明訓練水準有所提高，安靜時，脈搏頻率加快是疲勞的表現。鍛鍊期間，安靜時脈搏出現逐漸增高的趨勢，說明疲勞逐漸積累，應查明原因。

另外，對運動做監測也非常重要，要選擇合理的運動項目，調整適宜的運動量。

在開始運動前，測定並記錄心率、呼吸次數、胸圍、胸圍呼吸差、體重及腹圍等基本指標，還應到醫院測量或檢查血壓、肺活量與心電圖是否正常。對食欲、睡眠、疲勞、頭痛、腰腿疼痛以及有無肢體麻木、便祕等主觀感覺都一一記錄。開始運動後，可以作一個月的記錄，並對比分析一次，以觀察運動對增進健康的作用。

爲細緻觀察運動對機體的影響，還應設計一種每日運動的自我監測記錄表。如每天清晨進行鍛鍊時，先記錄起床前的心率與呼吸次數，再記錄每次運動前的心率與呼吸次數，最後記錄運動後的心率與呼吸次數。還要記錄下運動時間的長短與心率、呼吸次數恢復到運動前標準所需的時間，最後標明當日運動項目。遇有特殊原因未能參加運動時，要在記錄表上標記原因。

在開始的一～二週準備階段，運動量宜小。如運動後無不適感，便可進入調整階段。這一階段持續三～四週，一般以運動後心率不超過運動前的150％且稍感疲勞爲宜。第三階段爲適應階段，可自我適度提高運動量，延長運動時間。若運動後心率依然不超過運動前心率的150％，即可認定爲正常，說明健康狀況完全可以適應這些運動。此階段若持續半年以上仍無不良反應，就可以成爲自己長期鍛鍊合理與適度運動量的標準。

要注意，老年人的運動總量不宜超過一小時。若條件允許，把鍛鍊時間由清晨改爲上午九點到十點或下午四點到五點更科學，這樣可減少感冒機會。另外，鍛鍊應在早餐後稍休息一段進行，饑餓與過飽時運動都對健康不利。此外，還要禁忌驟起驟停的劇烈運動項目。老年人如能結伴或集體運動，由於可以互相照應，效果會更好。如無特殊情況，鍛鍊應該每天堅持進行。

健康Tips

最佳抗病保健的運動

最佳抗高血壓運動：散步，騎自行車，游泳。

最佳抗衰老運動：跑步，尤其是健身跑。

最佳減肥運動：滑雪，游泳。壯年可進行拳擊、舉重運動。

最佳健美方式：平衡性鍛鍊，站立時儘量站直，忌側身、彎腰、弓背等。

最佳健腦運動：增氧運動，如跳繩等。

最佳防近視運動：打乒乓球。

第五節　動靜結合有利於延緩衰老

對於老年人來講，適當的運動是必不可少的；否則，器官的退行性病變得更加快速。但人至老年，形氣衰少、精血俱耗，神奇失養而不易守持於內，這就是說：老年人的保健必須特別講究動靜結合。

華佗曰：「人體欲得勞動，但不當使極耳。動搖則欲氣得消，血脈流通，病不得生，譬如戶樞，終不朽也。」唐代醫家王冰則曰：「恬淡虛無，靜也。法到清靜，精氣內持，故其氣從，邪不能爲害。」在動靜結合的比例分配中，似乎老人更應把大多數時間放在靜養上。正如清代曹庭棟在《老老恆言》中所指出的：「養靜爲攝生首務。」

在動的方面，老人宜作些氣功、太極拳、體操、慢跑、散步等鍛鍊，以及做一些力所能及的家務事。但活動的量必須控制，在時間上也不宜過長。有人調查長壽老人，發現大多數都能生活自理，操持輕便家務；在風和日麗之時，喜歡漫步於街頭巷尾，柳蔭花叢。大陸遵義地區對百歲老人的調查結果表明，常年參加勞動者占90％以上。

關於靜養，一方面需保持平時的心平氣和、與世無爭的心態，另一方面可採用靜坐法。其方法是：摒除一世雜念，什麼都不想，解衣寬帶，從容入座，可單盤膝或雙攀膝。兩手掌側翻轉朝上，右手背置在左手心上，兩手同時很自然地貼近小腹，並輕放在盤坐的腿足上面。此靜坐可二十～三十分鐘。靜坐之關鍵在於「三調」，即調身、調息、調心。調息是調整呼吸，使之深、細、勻、長；調心是降服其心、摒卻雜念、不生妄想。

縱觀古今長壽之名人，無一不是動靜結合的典範，如唐代歐陽詢、大詩人陸游，均享壽八十五歲；畫家齊白石壽登九十八歲。他們都是每天既有適當的運動，又掌握虛靜養生之道的能人。

掌握了動靜之道，再教你認識人體的五大健康保健區：

(1)**前胸保健區**：科學家發現，前胸的胸腺是主宰人體整個免疫系統中最重要的免疫器官之一，胸腺分泌出來的免疫活性肽物質，能監視體內變異細胞，並毫不留情地將其消滅，故有強大的抗癌作用；同時又有抗感染的功能和抗病能力；對延緩衰老也有一定的作用。只要每天堅持用手掌上下摩擦前胸（上至頸部下至心窩部）一百～二百次，就會啓動胸腺，起到防病健身，祛病延年的作用。

(2)**腋窩保健區**：腋窩是血管、淋巴、神經最多最豐富的地方。它的健身奧祕之處，在於受刺激後會使人大笑，笑時使各器官都能得到運動，促進血液循環，並使各器官充分得到養分和氧氣的交換，使大腦、心臟以及肺都受益匪淺。故專家們稱之爲「腋窩運動」。

(3)**脊柱保健區**：脊柱是養生學家極爲關注的區域，它是人體兩條最大的經脈中督脈的行徑之地。脊柱兩側的太陽膀胱經與五臟六腑的關係極爲密切。經常按摩脊柱，則可激發經絡的疏通，氣血運行，血脈流暢，滋養全身器官而健身。

(4)**肚臍保健區**：肚臍常被養生學家譽爲保健要塞。肚臍爲神闕穴，中醫常用藥物貼敷肚臍，治療心絞痛、消化不良等病。經常按摩肚臍有預防和治療中風的作用，能祛病健身、益壽延年。

(5)**腳底保健區**：人的腳底有七十多個穴位，六條經絡起止於腳上。科學家發現，人的腳底有成千上萬個末梢神經，與大腦和心臟密切聯繫，與人體各部臟器密切聯繫，所以將腳稱作人的「第二心臟」。經常散步、踩鵝卵石、溫水泡腳等，都有促進腳步血液流暢，把遠端血推向心臟和全身，調節陰陽平衡，防治疾病，健身益壽。

健康Tips

簡單易行的增壽延年術

1. 吸氣時緩緩，呼氣時慢慢，身體應徹底放鬆，不可用絲毫拙勁。
2. 呼氣與吸氣之間，不可嘗試閉氣。
3. 應選擇清新的環境，自然的姿勢。
4. 意念必須確實做到，而非單純的深呼吸。
5. 應進入「輕鬆、專注、自信」的境界，排除干擾。
6. 應注重道德修養，正確處理好人與人、人與社會、人與自然的關係。
7. 最好早、中、晚各鍛鍊一次，每次十～三十分鐘爲宜。

第九章

自我保健

第一節　健康靠自己

自我保健是爲了自身的健康利益，自我發現、自我保護、自我處理或協同醫生自我治療的一種保健行爲方式。自我保健服務是非職業性衛生保健服務。在這裡，人們從醫療服務機構的被動服務，變成自身健康的自我服務者。它所起到的健康效果，是現有衛生服務體系難以達到的。

近幾十年來，人類患心臟病、腦血管病、癌症、精神性疾病、意外死亡、糖尿病等傳染性的慢性病在明顯增加，而目前醫學上對這些疾病的治療尚無良策。

自己來保護自己的健康，這已成爲我國保健發展的趨勢。自我保健的內容是：利用自己所掌握的醫學知識和養生保健手段，在不住院、不求醫生、護士的情況下，依靠自己和家庭力量，對身體進行自我觀察、診斷、治療、互利和預防等工作；逐步養成良好的生活習慣，建立起一套適合自身健康狀況的養生方法，以達到健身祛病、推遲衰老和延年益壽的目的。

自我保健意味著自己把握自己的健康和生命；在遇到小病、急性和感染性疾病、慢性病以及和生活方式相關的疾病、外科手術或到醫院就醫時，你知道該做什麼。另外，自我保健也意味著你懂得改善周圍的環境，避免不良環境對身體的侵害，如避免間接吸菸、儘量不接觸污染物。

自我保健的內容廣泛：可以服用有益身體的補充劑，如維生素、礦物質、抗氧化劑類食品或補品；可以利用意志力減壓，學會放鬆身心；更要注意心理健康，加強自律，增強求知欲，激發自己的信念和耐力。

必要的健康知識，改善自己的生存環境，提高預防和控制疾病的能力，是每個健康生命的必然選擇。健康是你我選擇的路，永遠不要把健康交付在他人手中，而要緊緊地握在自己手中！

個人的健康和壽命主要取決於自己。世界衛生組織一九九一年向全世界宣布：「個人的健康和壽命的60％取決於自己，15％取決於遺傳，10％取決於社會因素，8％取決於醫療條件，7％取決於氣候的影響。」這就明確告訴我們，個人的健康和壽命很大程度取決於自己。

健康是個極為複雜的概念，人的健康和壽命是由許多因素相互交叉、滲透、制約、作用的結果。保健學家把這些因素歸納為四大類：一、環境因素

（包括自然環境和社會環境）；二、機體生物學因素（特別是遺傳因素和心理因素）；三、生活方式因素；四、衛生保健設施因素。而這四大類又可以分爲大環境因素和小環境因素。大環境因素（自然環境、社會環境），是不以個人的主觀意志爲轉移的，而小環境因素（生活方式因素、遺傳心理因素）則是自己可以支配和改善的。著名的醫學家、社會學家諾勒斯說過：「99%的人生下來就是健康的，但由於種種社會環境條件和個人不良習慣而生病，不良習慣給人類帶來極大的危害。」、「人不在習慣中生長，就在習慣中衰亡。」

許多人把自己的健康交付於他人手中，過分地迷信保健藥物和專家醫師，而不去採取行動改善自己的健康。近年來，健康資訊中心、天然食品店和健美中心大量湧現，網上也源源不斷地發布著大量健康資訊與健康忠告，使人眼花繚亂，莫衷一是。被紛亂的醫學資訊所迷惑，人們分辨不出可靠的資訊和事實的眞相，眞正主宰自己的健康。

在這個紛繁雜亂的世界上，你要主宰你自己的健康命運，而不要把一切都交給「專家」。因此每個人都應該瞭解必要的健康知識，掌握保持健康的技能，這樣才能使自己永遠健康。

健康靠自我：理論和實際都證明，人的命運決定於自己，做事情做事業如此，維護自己的健康更是如此。人在健康的某些時候需要別人扶助，那僅僅是扶助；人在生存的某些時候，某個階段需要求醫吃藥，那是被動的、無奈的，不得已而爲之。如果每個人都具有正確的自我維護健康意識，學會盡可能多的自我保健知識，掌握一套適合自己的自我保健方法，那麼，就會大大減少別人的扶助，減少靠求醫吃藥過日子，健康的鑰匙就掌握在了自己手中。

自我保護：有統計資料表明，國內外每年死於各種事故的人數，遠遠超過每一種疾病（包括心腦血管病、癌症等一些死亡率高的疾病）的年死亡人數。這就表明，人單靠與生俱來的本有的自我保護，是遠遠不能保證自己安全的，必須強化自我保護意識。因爲人們生活在充滿危險的環境中，活動在紛亂的社會矛盾中，意外傷害的危險時刻存在，稍有疏忽，意外損害便向你襲來，輕則致殘，重則危及生命。所以，保持警惕、避免危險，對每一個人的健康與生存都是十分重要的。

自我養護：人要不生病或少生病，與重視不重視自我養護有直接關係。機器靠人的維修與養護得以正常運轉，公路靠人的養護得以正常通行，人靠自我養護來維護健康。沒有病，靠自我養護不生病或少生病，有了病，靠自我養護恢復得快。爲了維護自身健康，第一要樹立正確的健康意識，第二要有維護健康的知識，第三要掌握正確的適合自己的保健方法。只有這樣，才能使自己的健康建立在科學保健的基礎之上。

自我調節：心理、社會因素導致了人類疾病譜的變化，生物醫學模式轉變爲生物、心理、社會醫學模式。眾所周知的心腦血管疾病、高血壓病、腫瘤、消化系統的許多疾病，以及其他一些疾病，如老年性固執性疾病等，精神、心理因素在發病過程中起著重要作用。

理論與實踐都證明，不良的心理、精神因素可以導致疾病，良好的心理、精神狀態可以防治疾病，當致病因素侵襲機體發生疾病之後，機體便動員自身的防衛系統與之相抗衡，在調動機體防衛系統過程中，心理精神因素起著重要作用，在某些情況下起著主導作用。所以，作爲心理、情緒自我控制與調節，保持愉悅心情、少生煩惱，多找歡樂，平衡心理，穩定情緒，在自我保健中發揮著重要作用。

早發現早治療：一時不生病，不等於永遠不生病；從來不生病，不等於今後不生病；當時沒有不適感覺，不等於沒有潛在的疾病。一向健康的人容易痲痺。現實一再告誡人們，突然發生嚴重危及生命疾病的，常常是那些一向健康的人。越是平素健康的人，越是容易喪失警惕。損害人們健康的疾病，從發病到出現症狀有個過程，傳染病有潛伏期，有些病有前驅期，在很多情況下，發病的第一症狀常常被忽視，每一個健康人都應當對身體出現的不適與異常感覺保持警惕。例如，以出血爲第一症狀的疾病，痰中帶血常爲肺癌的第一症狀；鼻涕帶血常爲鼻咽癌最早出現的症狀；大便帶血常提示直腸癌；而小便有血常爲泌尿系統腫瘤的第一症狀；皮膚出血常爲血液系統疾病最先出現的症狀等。

早發現是早治療的前提和關鍵。抓住第一症狀早檢查，沒有症狀定期查體，是早發現疾病的重要步驟。許多疾病早治與晚治結果完全不一樣，失去了治療時機就等於失去了生命。

維護健康靠科學，靠知識，靠毅力，自己的健康要靠自己來維護。

健康Tips

三餐美人計

營養組合　埃及著名學者努福爾經過長期研究指出，蛋白質、碳水化合物與脂肪對健康同等重要，缺一不可，關鍵在於巧妙組合，即將富含油脂的食物與豆類蔬菜組合，儘量避免和米、麵、馬鈴薯等富含碳水化合物的食物同吃。這樣既能增加養分攝入，又有利於減肥。

巧選脂肪　完完全全不吃脂肪，既不可能又損害健康，興利除弊的唯一辦法是巧妙選擇。據營養學家分析，脂肪分爲三類：第一類可大量增加人體膽固醇含量，如各種畜肉及其製品，奶油與乳酪中的脂肪；第二類對人體膽固醇含量影響甚微，如雞肉、蛋類和甲殼類動物脂肪；第三類是能夠降低膽固醇的脂肪，如橄欖油、玉米油和大豆油等。顯然，後兩類脂肪是你最佳的選擇。

三餐定量　合理掌握三餐的進食量是保持健美的又一關鍵。食量不可過多，也不宜太少，計算食物的熱能與分量時，要瞭解生熟有別。比如，熟雞的重量只有生雞的80％，熟牛肉只有生牛肉的65％。此外，即使同一類食品所含熱能也不完全一樣，如一百克童子雞含熱能約四百千卡，而同等量的老雞肉熱能高達五百五十千卡，要挑選養分相同但熱量相對較少的食物。據測算，年輕男女一天的進食量大致如下：糧食五百克，蛋一個，瘦肉一百克，魚一百五十克，豆類二百克，蔬菜二百克，牛奶二百克，植物油二十五克。

不妨涼吃　熱食可增加人體熱能。吃冷食要先經過熱化才進入消化過程，因而能消耗一部分熱能。就是說，冷吃耗能，特別有利於肥男胖女度夏。

細嚼慢嚥　咀嚼可消耗一定的熱能，吃同種乃至同樣多的食物，細嚼慢嚥比狼吞虎嚥更利於保持體重適中。據日本瑪麗娜醫科大學營養學教研室中村丁次觀察，肥胖男子用八～十分鐘吃完的飲食，瘦人需十三～十六分鐘；對同一種食物，把胖者只咀嚼七．七～八．一次，瘦人則要咀嚼八．九～九．四次。限制胖人的進食速度十九週後，男子減四公斤，女子減重四．五公斤。

多吃多動　雖然暴飲暴食不利於體重穩定，但有些人就是嘴饞，怎麼辦呢？一個辦法是犧牲下一餐，以抵消上一餐攝入的過多熱量。爲了不影響健康，以犧牲晚餐爲妥。一來偶爾餓一頓對身體無大礙，二來人晚上入睡後消耗的熱量有限。另一個，也是最根本的辦法是多運動，這是美國史丹福大學沃德教授的忠告。研究資料表明，胖人與瘦人在夜間無甚區別，消耗的熱能大致相等。關鍵是在白天，胖子活動少，身體內部活動趨於緩慢，以致熱能積存轉化爲脂肪。

少吃多餐　將同樣多的食物分成五次以上吃，比起一日三餐，養分攝取不受損失，但體內產生的熱量要少得多。有關調查資料顯示，每天進餐少於三次者，57.2％患有肥胖病，51.3％膽固醇增高；進餐五次以上者，肥胖的發生率爲28.8％，膽固醇偏高者僅爲7.9％，原因在於，每餐進食量減少，可降低血中胰島素水準，從而增加脂肪酸的燃燒。

攝足微量營養素　近年來，科學家發現肥胖與某些微量營養素缺乏有關，如維生素B_1、B_6與尼克酸等，它是脂肪分解的「催化劑」。鈣、鐵、鋅等礦物元素也是體內能量轉換的必需物質。這些微量營養素主要分布於粗糧野菜、綠色蔬菜及乾果之中，故三餐宜多樣化，堅持葷素搭配、粗細相兼的配餐原則。

第二節　簡簡單單做保健

自己的健康靠自己來維護，就要瞭解一些自我保健的方法：

⑴揉腹：揉腹養生在我國已有數千年歷史。唐代名醫孫思邈就以「食後行百步，長以手摩腹」作爲自己的養生之道。南宋著名詩人陸游一日也要摩腹數次，並寫下了「解衣摩腹西窗下，莫怪人嘲做飯囊」的詩句，故儘管陸游一生坎坷，仍得以高齡而壽終。

中醫認爲，腹爲「五臟六腑之宮城，陰陽氣血之發源」，揉摩腹部可通和上下，分理陰陽，充實五腑，驅外感之諸邪，清內生之百疾。現代醫學認爲，揉摩腹部可使腸胃及腹部的肌肉強健，並可促進血液的循環，使腸胃的蠕動加強，消化功能改善。如此，食物便能充分消化和吸收，人體得以健康。實踐證明，揉摩腹部不僅可以養生，對多種疾病如高血壓、肺心病、腎炎、便祕等都有較好的輔助治療效果。同時，由於揉腹能刺激末梢神經，使毛細血管開放，從而促進機體的代謝，起到消除脂肪、減肥健美的作用。

揉腹方法簡單，可隨時進行，一般可選擇在夜晚入睡前及早晨起床前。其方法是：先用右手全掌在胃脘部作順時針方向揉摩一百次；後以神闕穴（肚臍眼處）爲中心，用右手全掌順時針方向揉摩整個腹部一百五十次，然後再用左手全掌繞神闕穴反時針方向揉摩一百五十次。也可在晚飯後邊散步邊摩腹，同樣會取得良好的養生效果。

揉腹是中老年人自我養生保健的好方法，但也要注意不能在過飽或過饑的情況下進行，且要排空小便。腹內有急性炎症和惡性腫瘤時，最好也不要揉摩。

(2)沐浴：「只要每天沐浴四次，就可以增加十年的壽命」。這個令人吃驚的結論，是一組德國內科醫生進行詳盡研究後得出的。

醫生認爲，不論男女，只要每天沐浴四次，就可以改善機體微循環，促使心臟健康、血壓降低、神經放鬆，大約可增加十年壽命。這個小組負責人、內分泌學專家布魯諾說：「每天四次熱水沐浴，不僅消除人體上附著的細菌，而且可以緩解牛皮癬，各種過敏、風濕病等疾病的症狀，消除皮膚乾燥和皸裂。」

(3)揉摩耳廓：人耳不僅是聽覺器官，還是對健康起著重要作用的保健器官。已知人的耳廓正面有三百多個穴位，背面有五十多個穴位。這些穴位關聯著人體的各個部位，如果經常用手掌或手指揉搓耳廓，能收到很好的保健效果。

按摩耳廓，沒有嚴格的要求，閒暇時可隨時做，有條件者最好分早、中、晚或更多些揉搓，每次約五～十分鐘，以發熱爲度。

爲使頭髮不白，可以每天清晨起床後及晚上臨睡前，用右手過頭頂輕輕牽拉左耳二十餘次，如此反覆兩次，持之以恆，必見成效。

每晚堅持用熱毛巾上下揉耳，雙耳各搓四十次。毛巾涼了時，可放入熱水中浸泡後再搓。這樣既能預防感冒，又能治療感冒。

另外還有一些健康的放鬆方式，可以讓人在繁重的工作學習後，給自己的身體好好地放個假，把疲勞困倦統統趕走，再輕輕鬆鬆地迎接新的挑戰。

(1)打盹。學會在一切場合，如家中、辦公室，甚至汽車裡打盹，只需十分鐘就會使你精神振奮。

(2)想像。透過想像一個所喜愛的地方，如大海、高山或自家的小院等放鬆大腦。把你的思緒集中在所想像東西的「看、聞、聽」上，漸入佳境，由此而達到精神放鬆。

(3)按摩。緊閉雙目，用自己的手指尖用力按摩前額和頸後，有規則地向一定方向旋轉，不要漫無目的地揉搓。

(4)呼吸。快速進行淺呼吸，慢慢吸氣、屏氣，然後呼氣，每一階段持續八拍。

(5)腹部呼吸。平躺，面朝上，身體自然放鬆，緊閉雙目。呼氣，把肺部的氣全部呼出，腹部鼓出。然後緊縮腹部，吸氣，最後放鬆，使腹部恢復原狀，正常吸呼數分鐘後，再重複這一過程。

(6)擺脫常規。經常試用一些各種不同的新方法，做一些你不常做的事，比如雙腳蹦著下樓梯。

(7)每天平躺有益健康。如果一天能每隔二～三小時平臥五～十分鐘，對患有內臟下垂、下肢靜脈曲張、痔瘡、高血壓、心血管功能不全、腰椎間盤突出、膝及落踝關節傷痛、過度肥胖、腹股鬆弛等疾病的老人尤爲重要。

(8)爬樓梯好處多。一個體重四十公斤的人，爬十分鐘的樓梯要消耗熱量二百卡，下樓梯消耗的熱量爲上樓梯的三分之一。對防治肥胖病大有裨益。

(9)冰水臉、溫水牙、熱水腳。早晨起床和午休之後，用冷水洗臉好處很多，冷水的刺激既可改善面部的血液循環，又可改善皮膚組織的營養，增強皮膚的彈性，減緩或消除面部的皺紋。增強視力，而且可預防感冒、鼻炎和凍瘡。

刷牙，最適宜用溫水，常年用溫水刷牙、漱口，可以保護牙齒，減少牙痛的發生，特別是患牙齒過敏，齲牙、牙周炎、口腔潰瘍、舌炎、咽炎的患者。

每天晚上睡前熱水洗腳，可使足部的血管擴張，加快血液循環；足部穴位很多，熱水給予刺激，有保健作用。患有失眠病和足部靜脈曲張的人，每晚熱水洗腳，能減輕症狀，易於入睡。

健康Tips

長壽始於腳

步行是法寶，健身抗衰老　步行是唯一能堅持一生的有效鍛鍊方法，是一種最安全、最柔和的鍛鍊方式。步行鍛鍊有利於精神放鬆，減少焦慮、壓抑情緒，提高身體免疫力。步行鍛鍊能使人心血管系統保持最大的功能，比久坐少動者肺活量大。有益於預防或減輕肥胖。步行促進新陳代謝，增加食欲，有利睡眠。步行鍛鍊還有利於防治關節炎。

若想人不老，天天按摩腳　《八股雜錦歌》講：「摩熱腳心能健步。」中醫經絡學指出，腳心是腎經湧泉穴的部位，手心是心包絡經勞宮穴的部位，經常用手掌摩熱擦腳心，有健腎、理氣、益智的功效。

按摩方法：晚上，熱水浴腳後，用左手握住左腳趾，用右手心搓左腳心，來回搓一百次，然後再換右腳搓之。

長壽始於腳，常做下肢操　下肢操的準備姿勢是：身體直立，兩腳分開比肩稍寬，兩手叉腰，兩眼平視正前方。動作是：

1.旋腳運動　右腳向前抬起，腳尖由裡向外（順時針）旋轉十六圈，再由外向裡（逆時針）旋轉十六圈；然後再換腳做同樣動作。

2.轉膝運動　上體前屈，兩手扶膝，兩膝彎屈，先兩膝同時按順時針方向旋轉十六次，再按逆時針方向旋轉十六次；兩膝分別同時由外向裡轉十六次，再分別由裡向外轉十六次。

3.踢蹬運動　兩腳交替向前踢腳各十六次，踢時腳趾下摳；兩腳交替向前蹬腳各十六次，蹬時腳跟突出。

4.踢腿運動　兩腿交替向前高踢腿各十六次；兩腿後踢，後腳跟踢至臀部，各踢十六次。

5.下蹲運動　兩腳跟離地，鬆腰屈膝下蹲，蹲時上下顫動八次，慢慢起立，腳跟落地。如此，反覆做五次。

6.壓腿運動　右腿屈膝成騎馬式，手扶同側膝，虎口向下，上體向右前方前俯深屈，臀部向左擺出，眼看左足尖，左手用力按壓左膝四次。然後臀部向右擺出，眼看右足尖，右手用力按壓右膝四次。左右交替各做四次。

7.跳躍運動　原地上下跳躍，共跳十六次。跳動時，上肢可隨之上下擺動，上至頭高，下至小腹，手指併攏呈單掌。

第三節　外國人崇尚的健康習慣

隨著經濟的發展，世界醫療事業正面臨新的挑戰。以美國爲例，美國人口死亡原因中，七五％是心臟病、腦血管病和惡性腫瘤。每六個人中就有一個患高血壓病。慢性疾病劇增的原因，除老齡化、環境污染外，與人們的生活方式與行爲的不合理也密切相關。醫學專家認爲，近年來，人們因不良生活方式和行爲引起疾病而死亡的約占50％，環境條件不良致死的約占20％，生物學因素致死的約占20％，保健服務原因致死的約占10％。

這些數字表明，人類與其說面臨常見慢性疾病的威脅，不如說面臨不良的生活方式和行爲的挑戰。他們還認爲，當前已開發國家在醫療方面的撥款，雖然占國民生產總值的10％以上，但沒有花在「點子」上。例如50％的衛生經費用於搶救只能平均存活八個月的人，而對危害健康的問題卻注意不夠。

六〇年代以來，美國鑑於心、腦血管病和惡性腫瘤的日益增多，制訂了改善生活方式的計畫。要求人們多吃蔬菜和纖維素豐富的食物，使攝入的脂肪從占總熱量的43％減少到20％；此外，還要改變飲酒和吸菸的習慣。日本學者研究表明，吸菸使二十多種病的死亡率增加；吸菸較不吸菸者死亡率增加70％；二十歲以前開始吸菸者，較不吸菸者死於肺癌多十倍；丈夫吸菸害妻子（被動吸菸）；孕婦吸菸害孩子；每吸一支菸縮短壽命五分鐘。

自六〇年代開始，日本號召人們改變不合理的生活方式，並採取了相應的措施。結果一九六三至一九七六年間，日本吸菸者減少26.5％，奶和乳製品消費量減少20％，牛油減少36.2％，蛋類減少3.2％，動物脂肪減少51.2％，植物脂肪增加63.9％。由於採取這些措施，自一九六八年起，日本人的心臟病和腦血管病等疾病逐年下降。有關專家認爲，近年世界衛生醫療技術（打針、吃藥和動手術）對防病作用不大，應進行綜合性防治措施，改變生活方式與行爲方式，實行「自我保健」，這樣才能減少疾病，延長壽命。

一百多年來，已開發國家用預防接種、殺菌滅蟲和抗菌藥物等辦法，減少甚至消滅傳染病，使傳染病的死亡率降低到1％以下。現在他們又研究出新的方法，就是要用行爲醫學、環境醫學和社會醫學來對付新疾病的增多。因此，經濟發達國家紛紛建立「行爲醫學中心」，實施行爲診斷、治療和預防，逐步改變人們的不良生活習慣，以增進健康。

外國人崇尚的一些健康習慣，對我們有著借鑑意義：

⑴**合理飲食**：據某些學者的研究，肉製品的蛋白質會加重某些病症。所以說，在某些情況下少吃肉有益於身體健康。

⑵**飯後稍臥**：每當進食後，全身的血液多流進消化器官以幫助消化。從胃進入腸的食物由小腸壁吸收，經血液將營養物質運送到內臟，這時肝臟的血流動趨盛。我們感到吃過飯後想睡覺，就是因爲腦部血流動趨緩之故，因此，食後稍臥對消化和血液循環有益，對健康也有益。

⑶**挺胸抬頭**：美國密蘇里州大學的醫生說：「抬起頭來將會令你外表年輕一些，而且可以減少患病機會。」當你抬頭挺直腰時，胸膛會挺起，肺活量可增加20％～50％，空氣吸入多，身體組織所獲得的氧氣量也就隨之增多。當一個人獲得較多氧氣供應時，身體就不易疲倦。同時，抬頭也減輕腰痛。因挺胸的姿勢會保持脊椎的正常弧度。

⑷**雨中漫步**：歐美一些國家越來越多的人喜歡冒著霏霏細雨，到戶外逛街散步，充分享受大自然給予的溫馨和快樂。雨落大地可洗滌塵埃、淨化空氣。雨前殘陽照射及細雨初降時所產生的大量負離子，素有「空氣維生素」之譽，

可營養神經，調整血壓。

(5)**適當日曬**：美國紐約州精神病學會專家說，陽光是一種天然的興奮劑。最好的提神方法是在晨曦中做三十分鐘的散步或慢跑。這可以使身體儲存大量的維生素D，有助於維護骨骼和牙齒的強健。

(6)**騎自行車**：英國醫學協會的一份調查報告說，騎自行車可以使那些患精神官能症和身體過胖的人變成身心健康的人。騎自行車能加強心血管的功能，增強耐力，促進新陳代謝，調整人體脂肪。

(7)**靜坐冥思**：美國的研究人員說，如果每天靜坐兩次，能延長其壽命，並改善健康狀況。

(8)**引吭高歌**：美國馬里蘭大學老年學專家進行的一項研究表明，唱歌有益健康和長壽。因爲唱歌是一種呼吸新鮮空氣的良好活動，它可以加強胸廓肌肉的力量，實際上，它與遊泳划船一樣，具有異曲同工之妙。

(9)**與人為善**：美國文學家發現，做好事使你心情舒暢、精神愉快，還能強化你的免疫系統。

健康Tips

簡單易行的心理「按摩」方法

幽默　幽默能驅走煩惱，使痛苦變成歡樂，使尷尬變爲融洽。家庭中有了幽默，便有了歡樂和幸福；夫妻間有幽默，便能相知有素。

逗笑　一笑解千愁。笑是心理健康的潤滑劑，是一種生活的藝術，有利於消除心理疲勞、活躍生活氣氛。生活中有了笑聲，就有了美的呼吸。在親友心情不快之時，你不妨逗他一笑；自身產生苦惱時，你不妨想件經歷的趣事引發一笑。

聽歌　古今中外都有音樂療疾之說。音樂可以陶冶情操，使人從中獲得力量。聽歌不僅是一種美的享受，還能調節人的情緒，每當心情沮喪之時，不妨聽一曲你所喜愛的歌，讓它把你帶入另一天地。

賞花　花草是美的象徵，賞花是用心靈的窗戶進行心理「按摩」的好方法。置身花木之中，以花爲伴，與花交友，可使人心舒氣爽，忘卻心中不快。

你不妨在陽台或室內育幾株花，視爲夥伴。

自娛　時不時開展一些娛樂活動，便能活躍家庭氣氛，豐富家庭生活，密切老幼關係，增進友愛，這樣，親人之間就多了互敬互愛，少了口角糾紛。

美國加州「心理研究所」執行主任黛博拉·羅斯博士說：「一個人每天可以慢跑八公里和攝取各種健康食品，但與親屬或同事發生一次爭吵，就能毀掉他幾天生活的質量。」此語道出了心理健康的重要性。

第四節　體檢是為健康投資

有人比喻健康是個數字「一」，其他東西比如權利、地位、金錢、知識、榮譽、親人、朋友、愛情等，每一項都是一個「○」，這個「一」存在時，「○」越多，說明你擁有也越多。如果「一」沒有了，不管你有多少個「○」也就都毫無意義了。這個比喻，提示健康是多麼重要。保持身體健康有很多方法，但定期（一至二年一次）體檢更是非常重要的。

發現無症狀疾病：有些疾病無症狀，平時未加防範，一旦病情惡化，後果極其嚴重。比如高脂血症，是動脈硬化形成的主要原因，而動脈硬化又是高血壓病、冠心病、心肌梗死、腦出血和腦梗塞的發病基礎。因爲此病無自覺症狀，升高的血脂就像看不見的蛀蟲，悄無聲息地吞噬著人們的健康；隱性冠心病也無症狀，但可突然發病，甚至可發生無痛性急性心梗而猝死；肝血管瘤和肝、腎囊腫等，80％的病人無症狀，但當外力撞擊病變局部時，可發生瘤體或囊腫破裂，而導致急腹症，危及生命。

瞭解原疾病變化：有些人也知道自己患某種慢性疾病，但不知道目前的病情如何，疾病發展成什麼樣了，是減輕了還是加重了？體檢則可瞭解眞實情況。舉例來說，如膽結石，經超音波檢查，可和上次檢查比較，就可知道是增大了或是已經排出了，還是沒變化；再比如高脂血症、高血壓病和糖尿病等，經採用降脂藥、降壓藥、降糖藥後，血脂、血壓、血糖有何變化，可爲下一步治療提供依據。

透過體檢，對發現的無症狀疾病，可採取相應的治療或防護措施，以免病情惡化；對原來就患有的疾病，瞭解了目前情況，如果病情加重，可採取針對性治療；如果病情穩定，可繼續動態觀察。體檢未發現疾病，也可做到心中有數。這些只有經過體檢才能做到。體檢是目前富裕起來的人們，對健康的一種消費時尚和追求。

近年來，消化系統疾病如食道腫瘤、胃腸腫瘤、潰瘍、胃腸息肉等明顯增多，患者中不少是年輕人。專家們認爲，如能定期進行健康查體，及時求醫，這些疾病絕大多是都能早發現、早治療。其實，不僅消化系統，很多其他臟器的疾病都可以透過定期體檢得以早期發現，繼而得到有效治療和控制。所以經常進行查體，是預防疾病最有效的手段。醫生認爲，以下三類人群更應該定期進行體檢。

(1)**白領族**：一項對六千多名三十一歲至六十歲白領人員的調查發現，這個人群脂肪肝患病率高達1.9%，肥胖症患病率高達31.6%，高脂血症患病率爲1.8%，冠心病患病率爲3.1%。據體檢專家分析，白領人士脂肪肝、高脂血症等病的患病率之所以比其他人群高，可能是由於白領工作者常有過量的攝食、吃宵夜等不規律的飲食方式，擾亂了機體的正常代謝，爲脂肪肝和肥胖的發病提供了條件。若能每年體檢一次，這些疾病就能及早發現，及時治療。

(2)**四十歲以上的亞健康人群**：十八歲至四十歲的人隨著年齡的增長，身心已逐漸出現輕度失調，而到四十歲以上，潛疾病狀態的比例就會陡然升高，亞健康狀態在中年以後也會變得更加明朗化。肩負事業和家庭重擔的中年人，不能輕視亞健康狀態，以免將來諸病纏身。

(3)**慢性病患者**：慢性病患者指的是一些已患有心腦血管病、糖尿病、肝炎、腸胃病、哮喘、腎病等疾病的人。他們在醫生精心治療下，病情可能得到了暫時的緩解，但緩解不等於治癒，這些病人仍應定期對疾病進行復診和檢查。比如糖尿病病人至少要每個月檢查一次血糖，觀察是否有合併症發生；B

肝病人應每半年檢查一次肝臟超音波，看病變是否發展；胃病病人每年作一次胃鏡檢查，以便及時掌握病情的發展，適時調整用藥，以求達到最佳療效。

健康Tips

治心肌梗塞症之藥方

1. 用大白菜（降血壓、通血管）半棵，切成小塊，用果汁機打爛。
2. 加黑木耳（美國認爲可使血小板不凝結）浸水後，一飯碗之量，加入果汁機打爛。
3. 加冬菇（日本一研究所認爲冬菇是血管之清道夫）浸水後去蒂，一飯碗之量，加入果汁機打爛。
4. 加山楂粉（據認爲可平血壓、通血管）二兩及水若干於果汁機，打爛成薄漿。
5. 加丹參粉（據認爲是治心肌梗塞之有效藥）二兩於果汁機加水，打爛成薄漿。

6. 加黃芪粉二兩及水若干於果汁機，打爛成薄漿。

7. 將此薄漿倒在鍋中煮滾後，倒在瓶中，置人冰箱，分五、六天與燕窩同於早飯前煮食之。

第五節　打造自己的健康智慧工程

人生大廈正如眞正意義的大廈那樣，「百年大計，質量第一」，健康的基礎工程，即生理養生。目前最受重視的還是「祖傳」（中醫養生）的「四道」，即「動養之道，靜養之道，食養之道，居道之道。」

動養之道，即適度鍛鍊，可活動筋骨，疏道氣血，達流水不腐；靜養之道，即適當休息、休閒，減少消耗，怡神健體；食養之道，即食飲有節，均衡營養，二便通暢；居道之道，即起居有常，使精神愉快，情緒安定。如能「不妄作勞」，愼房事、節情欲、避外邪，再輔以必要的藥物，乃可「度百歲乃去」，爲人生大廈奠基。

健康的調控工程，即規律生活。凡長壽老人，一個共同特點就是生活規律，使自己的生物鐘與大自然周而復始的生息變化規律和諧「合拍」，在極爲規則的節律下運轉。在起居、飲食、睡眠、工作、學習、用腦、鍛鍊、休閒，總之吃喝拉撒睡、行動坐臥走等生活各方面，都養成定時、定量的習慣，並保持始終，讓生命的航程沿著預定的程式運轉（其中最大的「鐘」——壽命運轉正常，即可「善終天年」），實行人類百代追求的養生最佳境界——「以自然之道、養自然之身」（華佗），這已成爲國際上養生的普遍追求。

健康的上層建築，即心怡寧靜，健康的核心是心胸開闊、性格開朗、情緒樂觀、襟懷豁達。無論順境、逆境都敢於、善於面對和承受。透過平時的修心養性，做到「突然臨之而不驚，無故加之而不怒。」人非聖賢，豈無七情六欲？關鍵在於學會調節和控制自己的情緒，保持平靜的心境，這種「精神免疫」法，可使人百病不生。

健康的強化工程，即運動鍛鍊，增強體質，這是防病的重要手段。「運動的作用可以代替百物，但所有的藥物都不能代替運動」；「勞動一日，可得一夜的安眠；勞動一生，可得幸福的長眠」（達文西）。的確，我們身體的器官不是用壞的，而是鏽壞的。用進廢退，廢用退化就是「鏽」，故每天要活動每一塊肌肉，每一個關節。

健康的輔助工程，即興趣愛好。興趣可引發大腦生成對健康有利的 α 波和腦啡肽，有張有弛，勞逸結合中的「弛」、逸的最好方式，便是選擇最感興趣的休閒項目，人的才能潛力無限，被職業所限而未充分發揮。生命質量包括生存質量、貢獻質量和發展質量，新世紀應充分發揮過去被忽視的發展質量。新世紀的精神追求講究達「巔峰體驗」，即達極點的愉快，這需要興趣作引導，故每個人都要發現自己的興趣亮點，並加以利用。

健康的維繫工程，即哲理養生，這是養生的最高境界。明末哲學家王夫之的「六然」、「四看」值得提倡。「六然」即「自處超然」：超然達觀；「處人藹然」：與人爲善，和藹可親；「無事澄然」：澄然明志，寧靜致遠；「處事斷然」：不優柔寡斷，當斷則斷；「得意淡然」：不居功自傲，忘乎所以；「失意泰然」：不灰心喪志，輕裝再戰。「四看」，即「大事難事看擔當（能提當得起）」；「逆境順逆看襟懷」（能承受得了）；「臨喜臨怒看涵養」（能寵辱不驚）；「群行群止看識見」（能去留無意）。

建好自己的人生大廈，還可以爲自己建立一個健康檔案，它有如下三個方面的好處：

(1)方便病情分析。

(2)節省時間。醫生根據近期檢查報告，結合病情表現，即可做出診斷，並給予及時治療處理，不用再次檢查。我們都知道，最快的化驗檢查也要當天才能出報告，慢的要等三、五天後才可出報告。「時間就是生命」，在看病上，有時時間顯得特別寶貴。治療當然越早越好，不然有時會貽誤治療時機而抱恨終身。

(3)減輕經濟負擔。

那麼，如何建立健康檔案呢？可根據自己的條件具體確定。例如可將病例與各類檢查報告單分開收集保管。各種報告可分門別類地黏貼起來；X光片等應該注意防止折斷或重壓，可捲成筒狀保存，有條件可把所有病史文字檔案資料輸入電腦，需要時隨時調用。

健康Tips

增壽訣竅

1. 每天吃三百毫克維生素C，可以增壽五·五年。
2. 把你的膽固醇保持在二百以下，可以增壽四年。

3. 每天多消耗三百卡的熱量，可以增壽二～三年。
4. 每週跟親朋好友聚會一次，可以增壽四．五年。
5. 每週跑步四次，每次跑兩英里，可以增壽八．七年。
6. 減少使用手機的次數，少打一次就可增壽四十五秒鐘。
7. 處理好胃潰瘍，可增壽二～五年，
8. 孩子長大了，不要再圍著他們轉，可以延長壽命四年。
9. 把你的血壓低壓保持在九十以下，可以增壽五年。
10. 每週吃肉，最多不超過三次，可以延長壽命九年。
11. 不吸菸，可以延長壽命五年。
12. 別對自己過於苛刻，可增壽二年。
13. 控制體重，至少可延壽一．七年。
14. 喝適量的酒可延壽二～三年。

第六節　身心健康過百歲

爲什麼健康長壽是人類永恆追求的課題？從總體上看，人類的平均壽命在逐漸上升，世界上已開發國家差不多先後進入老齡化社會（即六十歲以上人口占10％以上），連發展中國家如中國也步入老齡化社會行列，這已成爲一種必然的發展趨勢。但作爲高級動物的人與一般野生動物相比，人類壽命並沒有達到動物應有的自然壽命，現代人與上古人相比，也沒有達到上古人的康壽水準，這是值得現代人反思的。按動物性成熟或按細胞分裂總次數推算，人的自然壽命應該在一百二十歲以上。在現實生活中已有一些人康壽百歲。以中國爲例，就有近萬人，全世界共有數萬人。由此可見，長壽潛力還遠遠沒有被開發。

(1)**保持神經系統的穩定性，儘量保持良好的情緒**。現代人生活在資訊時代，神經常處於緊張狀態，只要善於控制不良情緒，並使之轉化爲良好的情緒，才能保持和增強自己的健康體質。對此，專家們指出，保持精神健康的良好品質是：善良、誠懇，對他人關心與尊重，富有幽默感，敬業並充滿自信心。

忘記你的年齡，抱著樂觀態度生活。跟你所愛的或你所喜歡的人多相處，可以使你心情舒暢，覺得自己永遠年輕。儘量地笑，微笑固然好，縱聲大笑更加妙。

(2)**擁有一個明確的生活目標**。專家們的調查表明：在現實生活中，許多人缺乏一個明確的生活目標，過一天算一天，生活平庸、乏味，這就可以滋長許多有害健康長壽的惡習。如果能樹立一個明確的生活目標（如想當一名作家、藝術家、工程師、科學家等），你就可能爲之努力奮鬥，生活就會變得充實而有意義。

(3)**飲食營養因素**。調查的結果發現，我國內地百歲老人的飲食結構大都爲低熱量、低脂肪、低動物蛋白、多蔬菜類型。新疆長壽老人的飲食以奶類、乳製品以及羊肉爲蛋白質的主要來源，但他們常吃粗糧，沒有其他不良嗜好。

注意飲食，保持正常的體重。體重超過正常的標準，極易導致各種器官提早衰老。專家們指出，要戰勝肥胖症只有兩種可靠的辦法：一是在日常生活中，對食物的熱量、脂肪攝入有所限制，但營養成分要充足。宜多食用天然蔬菜和水果，少吃脂肪與甜食。二是長期堅持競走、跑步、游泳、滑雪、騎自行車爲主的積極運動。

⑷**擁有一個合理的飲食結構**。現代醫學充分證實，合理飲食是長壽之本。人類癌症是可以通過合理的飲食加以預防的。日本的學者黑岩東五指出：合理飲食是每餐吃八分飽，每餐主食副食各半，主食宜粗米黑麵，副食宜採取「動物蛋白：植物蛋白：蔬菜水果爲一：三：三」的比例。

⑸**擁有一種規律性的生活習慣**。人體的生物鐘是在極規則的節律下運轉的。爲此，必須在飲食、睡眠、學習、工作以及各種生活習慣方面，養成定時定量的規律，以保證各種生理功能處於最佳狀態。尤其夜間必須酣睡，如果夜間睡眠不足，白天應保持一～二次小睡。

⑹**生活環境因素**。調查中得出的結論，長壽者集中地區大部分位於海拔五百～一千五百公尺的地帶，雨量充足，溫度適宜，青山綠水，空氣清新，水源潔淨，無污染。

⑺**勞動鍛鍊因素**。在調查中發現，在百歲老人中，常年從事體力勞動的有90%，不少人在百歲之後，仍是家中閒不住的人。

(8)**微量元素**。在調查中發現，百歲老人頭髮中具有富硒、富錳和低鎘的特徵，主要是因為當地所產的糧食含有較豐富的硒、錳等一些微量元素，常年食用，能起到預防冠心病和腫瘤的作用。

(9)**擁有一種適合自己的鍛鍊方法**。體育鍛鍊是增強體質的有效措施，也是防病強身之道，它能增強人們的免疫和抗病能力。對此，專家們指出，慢跑、騎自行車、游泳、打太極拳等都是理想的鍛鍊項目。選擇的原則有兩條：一是個人的興趣和愛好，二是自己的體質情況，特別是心血管系統功能狀況。一般每週至少有三～五次以上的鍛鍊，每次鍛鍊至少二十分鐘，並要持之以恆。

(10)**擁有一個調節身心的業餘愛好**。「不會休息就不會工作」，這是健康的至理名言。有張有弛、勞逸結合，才能保證機體的良好運轉。在緊張工作之餘，從事一些業餘活動，是消除疲勞的有效良方。

(11)**促進呼吸器官日益強健，拋棄有害健康的吸菸習慣，經常進行有氧運動**。其目的是改善大腦供血系統和呼吸器官的功能，從而使免疫系統功能得以增強。

(12)**強化骨骼肌肉組織和各關節功能**。發達的骨骼肌肉能使內臟器官的功能加強。對此，專家們認爲，透過體操和按摩來增強頸背部、腹部、胸部、四肢等部位的肌肉彈性，有助於改善體態，使關節靈活，同時也可以改善內臟器官的功能。

⒀**要不斷地增強心血管系統功能**。心血管系統是現代人生命保障體系中最薄弱的環節，增強其功能的有效手段是競走、跑步、游泳、滑雪、划船和騎自行車等運動。專家指出，上述這些活動有益於心血管系統，對於身體的神經、呼吸及其他系統也有積極作用。

健康是每個人生活的基石，健康靠自己，我們應該積極地爲自己的健康大廈添磚加瓦，讓自己擁有一個健康長壽的人生。

健康Tips

善飲者長壽

茶　眾所周知，維生素E是當今世界公認抗衰延壽的佳品，但據日本研究，茶內的茶多酚對抗衰老的作用，大於維生素E十八倍，因為它可清除自由基對細胞的危害，可強抑細胞的突變及癌變，增強細胞介質的免疫功能，加以茶內尚富含多種維生素及微量元素，有防治老年常見心血管病及癌症的雙重功效，實乃可常飲長壽之益品。

紅葡萄酒　經測定，葡萄酒中含二百五十種以上營養成分，有活血化瘀、降血脂、軟化血管的多種功效。據近年法國報導，日飲三杯葡萄酒，可降心血管病及癌症死亡率達50％，可使老年癡呆症減少四分之三，對六十五歲以上老人可使衰老速度減緩80％。

地中海沿岸諸國之所以能成為世界長壽地區者，顯然也與喜飲葡萄酒之習慣有關。

酸牛奶　飲用酸奶可使腸內PH值變化，不利雜菌生長，加以酸奶中含有酶類抗生物質，更可控制腐敗菌之滋生，從而減少機體自我中毒而延年益壽。此外，酸奶中多種營養成分，兼具防治老年心血管病及癌症之功效，助人長壽，當在意料之中。

蜂蜜　有人調查一百餘位百歲老人，發現其中80％均有常年食用蜂蜜的生活習慣。俄國高加索地區居民喜食蜂蜜而成為長壽之鄉，尤其百歲老人中90%均為養蜂人。蜂蜜中營養豐富且易吸收，特別是蜂王漿，能刺激大腦及促進主要分泌腺的功能；促進組織供氧，增強細胞活力，從而大大推遲衰老過程。

骨頭湯　據分析，骨髓之老化，主要缺乏類黏朊和胃膠原所致，此二者可直接影響造血功能及整體免疫功能，使人早衰。用碎骨一公斤加水五公斤，文火慢燉二小時，使朊膠成分充分溶解，濾去其渣即可飲用。近年美日已開發國家十分重視開發骨頭系列食品，抗老防衰，倍受青睞。此外，其中還含有多種營養成分，尚有改善機體微循環之功效和延年益壽之功效。

國家圖書館出版品預行編目資料

自律自覺：做自己的健康顧問／張清華，羅偉凡著. -- 初版. -- 新北市：華夏出版有限公司, 2023.08
面；　公分. --（Sunny 文庫；307）
ISBN 978-626-7296-24-0（平裝）
1.CST：疾病防制　2.CST：保健常識
3.CST：健康法

429.3　　112004241

Sunny 文庫 307
自律自覺：做自己的健康顧問

著　　作　張清華 羅偉凡
印　　刷　百通科技股份有限公司
　　　　　電話：02-86926066　傳真：02-86926016
出　　版　華夏出版有限公司
　　　　　220 新北市板橋區縣民大道 3 段 93 巷 30 弄 25 號 1 樓
　　　　　電話：02-32343788　傳真：02-22234544
E-mail：　pftwsdom@ms7.hinet.net
總 經 銷　貿騰發賣股份有限公司
　　　　　新北市 235 中和區立德街 136 號 6 樓
　　　　　電話：02-82275988　傳真：02-82275989
　　　　　網址：www.namode.com
版　　次　2023 年 8 月初版一刷
特　　價　新台幣 520 元（缺頁或破損的書，請寄回更換）

ISBN-13：978-626-7296-24-0